PERSISCH

I

LEITFADEN DER UMGANGSSPRACHE

VON

WALTHER HINZ
ord. Professor an der Universität Göttingen

2. AUFLAGE

BERLIN 1955
WALTER DE GRUYTER & CO.
VORMALS G. J. GÖSCHEN'SCHE VERLAGSHANDLUNG — J. GUTTENTAG, VERLAGSBUCHHANDLUNG — GEORG REIMER — KARL J. TRÜBNER — VEIT & COMP.

Archiv-Nr. 41 42 55
Druck von Thormann & Goetsch, Berlin

Meiner Frau

Inhalt

Vorwort

Bei meinen Reisen in Iran drängte sich mir die Beobachtung auf, daß es an einem bequem zugänglichen und leicht faßlichen Hilfsmittel zum Erlernen der persischen Umgangssprache der Gegenwart fehlt.

Der Deutsche betritt das Land meist ohne sprachliche Vorbereitung und muß daher fühlbare Opfer an Geld, Zeit und guter Laune bringen, ehe er sich ausreichend verständigen kann.

Die in Iran ausschließlich gebräuchliche *arabische Schrift* setzt seinen Sprachstudien sowieso eine scheinbar unüberwindliche Grenze. Ich kannte zahlreiche Deutsche, die jahrelang in Iran ansässig waren, das Persische fließend sprachen, die Schrift aber als Geheimwissenschaft betrachteten und somit weder brieflichen Verkehr pflegen noch Gedrucktes lesen konnten. Die daraus sich ergebenden Nachteile liegen auf der Hand. Dabei lassen sich die 32 Buchstaben der arabischen Schrift bei gutem Willen in kurzer Zeit bewältigen.

Eine Eigentümlichkeit dieser Schrift tritt freilich erschwerend in Erscheinung: die kurzen Selbstlaute werden in ihr nicht ausgedrückt. Der Anfänger vermag daher auch nach Erlernung der arabischen Schrift ein persisches Wort noch nicht mit Sicherheit zu lesen. Aus diesem Grunde verwendet dieser Leitfaden eine *Umschrift*. Der Benutzer, dem es an Muße und Neigung gebricht, kann somit auch ohne die arabische Schrift auskommen. Vorsorglich steht sie aber neben jeder persischen, mit lateinischen Buchstaben umschriebenen Wendung. Manches bleibt so auch bei flüchtigem Lernen haften und trägt dazu bei, der arabischen Schrift den schädlichen Schleier des Geheimnisvollen zu rauben.

Die persische Umgangssprache ist ungewöhnlich leicht erlernbar. Als indogermanische Sprache ist sie im Satzbau dem Deutschen verwandt. Die Grammatik ist so einfach, daß ihre Grundzüge in sechs bis acht Stunden durchgenommen werden können. Die Aneignung eines ausreichenden persischen Wortschatzes, der freilich zahlreiche arabische Bestandteile enthält, bleibt demnach die Hauptaufgabe des Lernenden. Da wir nicht in Worten, sondern in Sätzen zu sprechen pflegen, habe ich diesen Leitfaden überwiegend aus Gesprächswendungen des täglichen Lebens aufgebaut. Den Beschluß bildet eine Zusammenstellung von mehr als 2100 der gebräuchlichsten Wörter. Diesen Teil mag vorläufig das 1938 in Teheran erschienene „Deutsch-persische Wörterbuch" von *Gholam Ali Tarbiat* ergänzen, das rund 16000 Wörter enthält.

Von allen Sprachen des Nahen Ostens erweist sich das Persische als die Brücke, über die ein Deutscher am unmittelbarsten und sichersten Zutritt zur orientalischen Welt erlangt. Seit zweieinhalb Jahrtausenden strahlt die Kultur Irans auf seine Nachbarländer aus. Persische Künstler, persische Gelehrte trugen entscheidend bei zum Glanze der sogenannten „arabischen" oder „maurischen" Wissenschaft und Kultur. Ein überreiches schöngeistiges und geschichtliches Schrifttum, großartige Bauwerke, zahllose Gegenstände des Kunsthandwerkes zeugen auch heute noch von der schöpferischen Kraft des persischen Volkes. Diese verdankt es jenen Nordvölkerstämmen, die vor dreitausend Jahren in das Land einwanderten, das hernach von ihnen den Namen *Iran* (= Arierland) erhielt.

Möge mein ‚Leitfaden' mithelfen, die Kenntnis des gegenwärtigen Persien zu fördern, und so dem Verständnis seiner Geschichte und Kultur den Weg weisen.

Herrn E. Tehrani vom *Deutschen Auslandswissenschaftlichen Institut* an der Universität Berlin bin ich für Durchsicht der Korrekturen des Abschnittes IV zu besonderem Danke verpflichtet.

Göttingen, im Januar 1942

Walther Hinz

Vorwort zur 2. Auflage

Die Beziehungen zwischen Deutschland und Iran haben sich in den letzten Jahren auf erfreuliche Weise belebt. Zahlreiche Perser kamen zum Studium in die Bundesrepublik, zahlreiche Deutsche gingen auf längere oder kürzere Zeit nach Persien.

So wurde eine Neuauflage meines ‚Leitfadens' erforderlich. Sie konnte als anastatischer Neudruck erscheinen. Möge auch die zweite Auflage dazu beitragen, die geistige Brücke zwischen zwei Ländern aufrechtzuerhalten, die nie verfeindet, mehrfach aber — unter Sassaniden und Safawiden — verbündet gewesen sind.

Göttingen, im Januar 1955

Walther Hinz

I
Lautlehre

Gleichmäßig genaues und sorgfältiges Hervorbringen aller Laute ist unerläßlich, wenn man sich auf Persisch verständlich machen will.

1. Mitlaute

Folgende Mitlaute (Konsonanten) hat das Persische mit dem Deutschen gemein:

b, *d*, *f*, *g*, *h*, *j*, *k*, *l*, *m*, *n*, *p*, *r*, *s*, *sch*, *t*, *w*.

Stimmhafte Laute wie *b*, *d* bleiben stets stimmhaft, also auch am Wortende, und dürfen nicht zu *p* oder *t* verhärtet werden. Dasselbe gilt umgekehrt für *p* und *t*, die keinesfalls erweicht (etwa auf sächsisch!) ausgesprochen werden dürfen. Das *h* ist ein deutlich vernehmbarer Hauchlaut, niemals Dehnbuchstabe, muß also auch im Wortinnern oder im Auslaut zu hören sein: *fahm* „Verständnis" ist nicht nach deutscher Weise *fām* auszusprechen, sondern mit hörbarem *h*, ebenso im Worte *kūh* „Berg" usw. Das *r* ist ein rollendes Zungen- oder Bühnen-R, nicht das schwäbische oder französische Rachen-R. Das *s* ist stets ein hartes, stimmloses *ss* wie in „hassen".

Außer den genannten, jedem Deutschen geläufigen Mitlauten finden sich in der persischen Sprache einige, deren richtige Aussprache erst erworben werden muß. Es sind dies:

z, *ž*, *dsch*, *tsch*, *ch*, *gh*, *q* und ʿ.

Das *z* bezeichnet in unsrer Umschrift den weichen, stimmhaften s-Laut, etwa in franz. *zéro.* Dieser Laut darf unter keinen Umständen mit dem harten *s* verwechselt werden, und noch weniger natürlich mit dem deutschen *z* (= ts), das es im Persischen nicht gibt. Das selten vorkommende *ž* ist wie das *j* in franz. *journal* auszusprechen. Der Laut, den wir mit *dsch* umschreiben, ist nicht so breit auszusprechen wie sonst im Deutschen, eher wie *gi* in ital. *Giovanni* oder wie *j* in engl. *journey.* Entsprechendes gilt für *tsch,* das wie *ch* in engl. *church* oder wie *ci* in *Ciano* zu sprechen ist. Das *ch* ist der deutsche Laut in „Bach", „machen", d. h. es muß rauh im Rachen geformt werden, niemals wie in „ich", „Milch". Am schwierigsten ist der Laut, den wir — hierin der arabischen Rechtschreibung folgend — teils mit *gh,* teils mit *q* wiedergeben. Beide bezeichnen im heutigen Persischen einen einzigen Laut. Die Aussprache von *gh* bezw. *q* ist annähernd getroffen, wenn man einen *g*-Laut tief im Rachen so hervorbringt, daß das Zäpfchen sich dabei hebt und man bei eifriger Wiederholung der Übung das Vorgefühl eines Brechreizes bemerkt. Das Zeichen ʿ endlich bedeutet einen Stimmabsatz im Wortinnern und -ende, während es am Wortanfang in der Aussprache nicht erkennbar ist; Beispiel: *ʿAbbās* sprich wie *Abbās,* dagegen *maʿlūm* wie *ma-alūm,* wobei man zwei *a* kurz hintereinander zu hören vermeint. Am Wortende wirkt sich das Zeichen ʿ wie ein plötzliches und straffes Abschließen aus, wie ein kurzes Absetzen in der Rede.

2. Selbstlaute

Das Persische unterscheidet scharf zwischen den langen Selbstlauten (Vokalen) *ā*, *ī*, *ū* und den kurzen Selbstlauten *a* (bezw. *ä*), *e* und *o*. Ein kurzes *i* ist im Persischen äußerst selten. Doch kennt es noch die Doppellaute (Diphtonge) *ei* und *ou*.

Das *ā* ist ein gedehnter, getrübter, d. h. leicht durch die Nase gesprochener Laut wie in „lahm". Die Trübung ist jedoch nicht so stark wie in engl. *call*, eher wie in franz. *en*. Im Alltags-Persisch wird die Buchstabenverbindung *ān* fast durchgängig *un* gesprochen, also *nun* „Brot" statt *nān;* geschrieben wird allerdings *nān*.

Das lange *ī* klingt wie in „Spiel", das lange *ū* wie in „Schuh".

Der kurze *a*-Laut hat im Persischen oft eine Neigung zu *ä*. Am nächsten kommt er der Aussprache des *a* in engl. *bad, have*. Der Lernende halte sich an die hier gegebene Umschrift mit der Einsicht, daß *a* in Zweifelsfällen immer richtiger ist als *ä*, besonders in Verbindung mit Kehllauten *(gh, ch)* und mit *r*.

Die Laute *e* und *o* sind stets kurz und hell (geschlossen) zu sprechen; *e* wie kurzes franz. *é*, deutsch in „Emma", *o* wie in „hohl" (aber kurz!), auf keinen Fall offen wie in „kommen".

Der Doppellaut *ei* ist nicht wie in „sein" zu sprechen, sondern wie *äj*. Der Doppellaut *ou* ist genau so zu sprechen, wie geschrieben steht, also helles *o* + *u*, dem engl. *ow* in *blow* vergleichbar, nicht wie franz. *ou*.

3. Betonung

Im Persischen wird grundsätzlich jedes Wort vernehmlich auf der letzten Silbe betont.

Ausnahmen hiervon bilden gewisse Wörter wie *bále* „ja", *wálī* „aber" und andere. Ferner ziehen beim Zeitwort die Vorsilben *bé-* und *mî-*, sowie die Verneinung *ná-*

den Ton auf sich. Der Wortton ist in der Umschrift durch Akzent (´ bei kurzen, ^ bei langen Silben) kenntlich gemacht. Bei Doppellauten erhält der erste Bestandteil den Akzent *(éi, óu)*.

Der persische Satzton ist nur durch sorgsames Zuhören bei Gesprächen Einheimischer zu erlernen. Um sich zu verständigen, braucht man ihn nicht zu beherrschen.

II

Schriftlehre

Um das Jahr 650 unsrer Zeitrechnung hatten die Araber die Unterwerfung des persischen Ritterstaates der Sassaniden vollendet. Iran übernahm mit dem neuen Glauben der Eroberer, dem *Islâm*, zugleich die arabische Schrift. Diese ist wie erwähnt bis auf den heutigen Tag die allein gebräuchliche Schrift der Perser geblieben. Daran dürfte sich auch in Zukunft nichts ändern. Vor wenigen Jahren erst (1938) hat der damalige Schah (Rezâ Pahlawî) die bis dahin üblichen Schilder und Aufschriften in europäischen Sprachen aus dem Straßenbild der Städte Irans verbannt.

Das arabische Alphabet

Die arabische Schrift wird von rechts nach links geschrieben und gelesen.

Von den 32 Buchstaben dieses Alphabets werden die meisten von rechts her mit dem voraufgehenden bezw. nach links hin mit dem nachfolgenden Zeichen verbunden.

Persische Be-zeichnung	Allein-stehend	Am Ende	In der Mitte	Am Anfang	Aussprache	Bemerkungen
aléf	ا	ـا	ـا	ا	Stimm-ansatz; ʾ, *ā*	nach links unverbunden
bē	ب	ـب	ـبـ	بـ	b	

Persische Bezeichnung	Alleinstehend	Am Ende	In der Mitte	Am Anfang	Aussprache	Bemerkungen
pē	پ	ـپ	ـپـ	پـ	p	nur in persischen Wörtern
tē	ت	ـت	ـتـ	تـ	t	
sē	ث	ـث	ـثـ	ثـ	s [s̱][1])	nur in arabischen Wörtern
dschīm	ج	ـج	ـجـ	جـ	dsch [ǧ]	
tschīm	چ	ـچ	ـچـ	چـ	tsch [č]	nur in. pers. W.
hē	ح	ـح	ـحـ	حـ	h [ḥ]	nur in arab. W.
chē	خ	ـخ	ـخـ	خـ	ch [ḫ]	
dāl	د	ـد	ـد	د	d	nach links unv.
zāl	ذ	ـذ	ـذ	ذ	z [ẕ]	,, ,, ,,
rē	ر	ـر	ـر	ر	r	,, ,, ,,
zē	ز	ـز	ـز	ز	z	,, ,, ,,
žē	ژ	ـژ	ـژ	ژ	ž	,, ,, ,, nur in pers. W.
sīn	س	ـس	ـسـ	سـ	s	
schīn	ش	ـش	ـشـ	شـ	sch [š]	
sād	ص	ـص	ـصـ	صـ	s [ṣ]	nur in ar. Wört.
zād	ض	ـض	ـضـ	ضـ	z [ż]	,, ,, ,, ,,
tā	ط	ـط	ـطـ	طـ	t [ṭ]	,, ,, ,, ,,
zā	ظ	ـظ	ـظـ	ظـ	z [ẓ]	,, ,, ,, ,,

[1]) In eckigen Klammern die abweichenden Zeichen der wissenschaftlichen Umschrift.

Persische Bezeichnung	Alleinstehend	Am Ende	In der Mitte	Am Anfang	Aussprache	Bemerkungen
ʿain	ع	ـع	ـعـ	عـ	ʿ	nur in arab. W.
ghain	غ	ـغ	ـغـ	غـ	gh *[ġ]*	
fē	ف	ـف	ـفـ	فـ	f	
qāf	ق	ـق	ـقـ	قـ	q	
kāf	ك	ـك	ـكـ	كـ	k	
gāf	گ	ـگ	ـگـ	گـ	g	nur in pers. W.
lām	ل	ـل	ـلـ	لـ	l	
mīm	م	ـم	ـمـ	مـ	m	
nūn	ن	ـن	ـنـ	نـ	n	
wāw	و	ـو	ـو	و	ū, ou, w	nach links unv.
hē	ه	ـه	ـهـ	هـ	h	
jē	ى	ـى	ـيـ	يـ	ī, ei, j	

Besonderheiten:

1. Doppel-Mitlaute werden durch das Zeichen ّ über dem einfachen Laut kenntlich gemacht, z. B. سدّ *sadd* „Damm“. Bei der Aussprache ist die Verdopplung des betreffenden Lautes deutlich zu hören.

2. Das *aléf* ا ist im Anlaut lediglich Selbstlaut-Träger *(spiritus lenis)*, kann also kurzes *a*, *e* oder *o* bezeichnen. Im Wortinnern und im Auslaut bedeutet es hingegen *ā*. Soll *ā* im Anlaut gelesen werden, so wird آ geschrieben.

3. Die langen Selbstlaute *ū* und *ī* erhalten im Anlaut stets das *aléf* vorgesetzt (او bezw. اِ), da sonst *w* bezw. *j* gelesen werden müßte.

4. Die Buchstaben ل *(lām)* und ا *(alef)* gehen in der Schrift die als „Lām-Alef" bekannte Verbindung لا ein.

5. Die Zeichengruppe خوا ist nicht *chwā*, sondern *chå* zu lesen, d. h. mit langem dumpfem ā wie in engl. *call*, schwedisch *Åbo*.

6. ه im Auslaut kann sowohl wurzelhaftes *h* als auch kurzes betontes *ắ* bezeichnen.

7. Das Zeichen ء *(Ḥamzä)* bedeutet, meist in arabischen Wörtern, einen leichten Stimmabsatz, z. B. جرأت *dschor'át* „Mut" (nach dem r wird kurz verhalten). Unter anderem verwendet der Perser das ء zur Kennzeichnung

a) der E-Verbindung (siehe S. 11) nach auslautendem ه ä oder ی î, z. B. خانۀ مرد *chānắ-je mard* „das Haus des Mannes", oder ماهیٔ زن *māhî-je zän* „der Fisch der Frau".

b) des ‚*ī* der Einheit' bei Hauptwörtern, die auf Selbstlaut endigen, z. B. خانۀ *chānắ-ī* „ein Haus"; آهؤ *āhû'ī* „eine Gazelle", دانائ *dānâ'ī* „ein Weiser". (Heute allerdings meist خانه ای usw. geschrieben.)

8. Das Selbstlautzeichen ِ (arabisch: *Käsrắ)* ist als kurzes helles *e* zu lesen und wird in diesem Leitfaden zur Kennzeichnung der E-Verbindung benutzt. In Iran wird

es, wie auch das Zeichen ء, meist weggelassen. Noch seltener sind die Selbstlautzeichen ُ für den kurzen o-Laut (arabisch: *Żammá)* und َ für den kurzen a-Laut (arabisch: *Fatḥá)*, sowie das Zeichen ْ, das Vokallosigkeit anzeigt (arabisch: *Sokûn* genannt). Beispiele: گَنْدُمْ *gändóm* „Weizen", جِلَوْ *dschẹlóu* „vor" (räumlich), دِيرْ *dîr* „spät", dagegen دَيْرْ *deir* „Kloster".

9. Die Endung -än in arabischen adverbiellen Ausdrücken wird so geschrieben: اً, z. B. فوراً *fourän* „sofort". Die wissenschaftliche Umschrift drückt dies durch Höhersetzen der (stets betonten) Endung -än aus.

III
Sprachlehre

Die folgende Übersicht über die persische Sprachlehre bezweckt, den Lernenden möglichst rasch in das Verständnis des Persischen einzuführen, ohne ihn durch kleinliche Regeln mit ihren unvermeidlichen Ausnahmen aufzuhalten. Letztere lehrt ihn von Fall zu Fall der praktische Teil des Leitfadens.

1. Geschlechtswort

Die persische Sprache kennt kein Geschlecht. Ein bestimmtes Geschlechtswort fehlt. مرد *mard* — „Mann" bedeutet zugleich „der Mann".

Das unbestimmte Geschlecht kann auf zwei Arten ausgedrückt werden:

a) durch Vorsetzen des Zahlwortes يك *jäk* — „eins";

b) durch Anhängen des unbetonten ‚*ī* der Einheit'.

„Ein Mann" heißt demnach im Persischen entweder يك مرد *jäk mard* oder مردى *márdī*.

Das natürliche Geschlecht wird entweder wie im Deutschen durch besondere Ausdrücke oder aber durch Anhängen von نر *nar* („Männchen") bezw. ماده *mādá* („Weibchen") bezeichnet.

Beispiele:

مرد *mard* — Mann; زن *zän* — Weib;
گاو *gāw* — Rind; گاوِ نر *gāw-e nár* — Stier; گاوِ ماده *gāw-e mādā́* — Kuh.

2. Hauptwort

Die Mehrzahl des Hauptwortes wird gebildet durch Anfügen von *-hâ*, das den Ton auf sich zieht:

مردها *mard-hâ*[1]) — die Männer

In der älteren Sprache gebrauchte man bei Lebewesen und gelegentlich auch sonst die Mehrzahl-Endung *-ân;* sie ist heute kaum mehr üblich. „Die Weiber" kann somit durch زنان *zän-ân* wie durch زنها *zän-hâ* übersetzt werden.

In der heutigen Schriftsprache finden sich gelegentlich Mehrzahl-Sonderbildungen wie:

بنده *bändā́* — Sklave; بندگان *bändä-gân* — Sklaven;

روزنامه *rūznāmā́* — Zeitung; روزنامجات *rūznāmä-dschât* — Zeitungen;

مرد *mard* — Mann; مردم *mardóm*, مردمان *mardom-ân* — Männer;

درخت *derácht* — Baum; درختان *deracht-ân* — Bäume.

In allen diesen Fällen ist die Mehrzahlbildung auf *-hâ* genau so richtig.

Bei der Beugung des Hauptwortes wird der zweite Fall *(Genitiv)* durch die sogenannte E-Verbindung (per-

---

[1]) Der Bindestrich zeigt lediglich die Fuge bei zusammengesetzten Ausdrücken an; für die Aussprache ist er ohne Belang, d. h. es ist grundsätzlich so zu lesen, als stünde nur ein Wort *(mardhâ)* da.

sisch: اضافه *ezāfá* „Beifügung“) gebildet. Zwischen die beiden Hauptwörter eines Besitzverhältnisses tritt ein kurzes, helles, unbetontes *e*, das in der Aussprache mit dem voraufgehenden Wort völlig verschmilzt:

دستِ مرد *dast-e mard* — die Hand des Mannes.

Endet das voraufgehende Hauptwort auf Selbstlaut, so tritt vor das *e* der E-Verbindung zur Erleichterung der Aussprache ein *j*[1]):

خانهٔ مرد *chānā́-je mard* — das Haus des Mannes.

Kennzeichen des dritten Falles *(Dativs)*, zugleich Ausdruck der Richtung, ist ein vorne angefügtes, kurzes, unbetontes *be:*

بمرد *be-márd* — dem Manne;

بتهران *be-Tehrân* — nach Teheran.

Der vierte Fall *(Akkusativ)* wird durch Anfügen der langen aber unbetonten Endung *-rā* gebildet. Sie tritt nur an einen Satzgegenstand, der genau bestimmt ist:

مردرا *márd-rā* — den Mann;

dagegen: مردی *márdī* (ohne *-rā*) — einen Mann.

Eine E-Verbindung kann durch die Endung *-rā* nicht unterbrochen werden:

درختِ مردرا *deráchtt-e márd-rā* — den Baum des Mannes.

Die Beugung eines Hauptwortes in der Mehrzahl ist genau die gleiche wie in der Einzahl; nur ist im Wen-Fall

---

[1]) In der arabischen Schrift der Perser wird dieses *-je* entweder (bei auslautendem *-ä*, siehe oben S. 8) durch ٔ oder (bei auslautendem *ā* und *ū*) durch ی bezeichnet.

zu beachten, daß zunächst die Mehrzahl-Endung *-hâ* an das Hauptwort tritt, und dann erst die Endung *-rā:*

مردها *mard-hâ* — die Männer (wer?);

مردهاِ *-e- mard-hâ* — der Männer;

بمردها *be-mard-hâ* — den Männern;

مردهارا *mard-hâ-rā* — die Männer (wen?).

3. Eigenschaftswort.

Das persische Eigenschaftswort ist nach Geschlecht und Zahl unveränderlich. In der Regel tritt es mit E-Verbindung hinter das zugehörige Hauptwort:

درختِ بلند *deráсht-e bolánd* — der große Baum;

اسپهای بزرگِ سفید *äsp-hâ-je bozórg-e säfíd* — die großen weißen Pferde.

Ausnahmefälle mit Voranstellung des Eigenschaftswortes: پیرِمرد *pîr-e mard* — „alter Mann, Greis", پیرِ زن *pîr-e zän* — „altes Weib" (zusammengesetzte Ausdrücke); خوب اسپی *chûb áspī* — „ein gutes Pferd", نیك مردی *nîk mardī* — „ein wackerer Mann" (ohne E-Verbindung!).

Das Eigenschaftswort kann das ‚ī der Einheit' annehmen:

مردِ بزرگی *mard-e bozórgī* — ein großer Mann;

doch kann man dafür auch sagen:

یك مردِ بزرگ *jäk mard-e bozórg,* ja sogar:

مردی بزرگ *márdī bozórg* (ohne E-Verbindung!).

Da eine E-Verbindung wie erwähnt durch die Endung des Wen-Falles nicht unterbrochen werden kann, tritt *-rā* hinter das Eigenschaftswort. Beispiel für die Beugung eines mit einem Hauptwort verbundenen Eigenschaftswortes:

درختِ بزرگ *deracht-e bozórg* — der große Baum
ِ درختِ بزرگ *-e- deracht-e bozórg* — des großen Baumes
بدرختِ بزرگ *be-deracht-e bozórg* — dem großen Baume
درختِ بزرگرا *deracht-e bozórg-rā* — den großen Baum

دستهای کوچک *dast-hâ-je kūtschék* — die kleinen Hände
ِ دستهای کوچک *-e- dast-hâ-je kūtschék* — der kleinen Hände
بدستهای کوچک *be-dast-hâ-je kūtschék* — den kleinen Händen
دستهای کوچکرا *dast-hâ-je kūtschék-rā* — die kleinen Hände.

Die Steigerung des Eigenschaftswortes erfolgt durch Anfügen von *-tár* bezw. *-tarîn:*

بلند *bolánd* — hoch
بلندتر *boland-tár* — höher
بلندترین *boland-tarîn* — höchst.

Sonderfall: خوب *chūb* „gut“, بهتر *behtár* „besser“, بهترین *behtarîn* „best“.

‚Als“ bei der Steigerung wird durch das Verhältniswort از *äz* wiedergegeben:

بزرگتر از من *bozorg-tár äz män* oder
از من بزرگتر *äz män bozorg-tár* — „größer als ich“.

„Der größte Mann“ kann auf zwei Weisen übersetzt werden, entweder wörtlich: مردِ بزرگترین *mard-e bozorg-tarîn*, oder بزرگترینِ مردها *bozorg-tarîn-e mard-hâ* „der größte der Männer“ (letzteres häufiger).

4. Persönliche Fürwörter.

Die persönlichen Fürwörter lauten in der Vollform:

من *män* — ich (höflich بنده *bändá* = Diener, Sklave)

تو *to* — du (*to* ist kurz auszusprechen, trotz der Schreibung mit و)

او *ū* — er, sie

ما *mā* — wir

شما *schomâ* — ihr; Sie

ایشان *īschân* — sie (dafür meist آنها *ān-hâ* „jene“)

Sie werden nicht so häufig angewandt wie im Deutschen, da man beim persischen Zeitwort die Person jeweils an der Endung allein schon erkennt. Daher wird das persönliche Fürwort im wesentlichen nur zur Hervorhebung verwendet:

من آمدم نه تو *mấn āmadäm, nä tó* — ich kam, nicht du!

Die Beugung vollzieht sich ganz regelmäßig:

2. Fall: siehe 5. „Besitzanzeigende Fürwörter“.

3. Fall: بمن *be-män* — mir

بتو *be-tó* — dir

باو *be-û* (auch: بوی *be-wéi)* — ihm, ihr

بما *be-mâ* — uns

بشما *be-schomâ* — euch, Ihnen

بایشان *be-īschân* — ihnen.

4. Fall: مرا *má-rā* — mich (statt *män-rā)*

ترا *tó-rā* — dich

اورا *û-rā* — ihn, sie

مارا *mâ-rā* — uns

شمارا *schomâ-rā* — euch, Sie

ایشانرا *īschân-rā* — sie.

5. Besitzanzeigende Fürwörter.

Die Vollformen der vorerwähnten persönlichen Fürwörter werden durch die E-Verbindung zu besitzanzeigenden Fürwörtern:

دستِ من *dast-e män* — meine Hand

دستهای من *dast-hâ-je män* — meine Hände

دستِ شما *dast-e schomá* — Ihre Hand

دستهای شما *dast-hâ-je schomâ* — Ihre Hände

Im allgemeinen bevorzugt der Perser jedoch als besitzanzeigende Fürwörter die nachstehenden Kurzformen, die mit dem besessenen Gegenstand zu einer Einheit verschmelzen. Sie können zugleich den vierten Fall der persönlichen Fürwörter vertreten, gelegentlich sogar auch den dritten.

م	*-äm*[1])	— mein; mich (mir)	مان	*-emân*	— unser; uns
ت	*-ät*[1])	— dein; dich (dir)	تان	*-etân*	— euer, Ihr; euch, Sie
ش	*-äsch*[1])	— sein, ihr; ihn sie (ihm, ihr)	شان	*-eschân*	— ihr; sie (ihnen)

Endigt das voraufgehende Wort (der besessene Gegenstand) auf *ā* oder *ū*, so wird meist ein stützendes *j* eingeschoben. Doch kommt in der Volkssprache auch in solchen Fällen einfaches Anhängen der Kurzformen vor:

Beispiele:

دستم *dástäm* — meine Hand; كتابت *ketâbät* — dein Buch; اسپش *áspäsch* — sein Pferd; پستانش *pestânäsch* — ihr Busen; درختمان *derachtemân* — unser Baum; خانه‌هايمان *chānä-hâ-jemân* — unsere Häuser; رويتان *rū-jetân* — Ihr Gesicht; چايشان *tschājeschân* — ihr (der Leute) Tee. Aber auch: روم *rû-m* — mein Gesicht (statt رويم *rû-jäm)*.

ديدم *dîdäm* — ich sah; ديدمت *dîdämät* — ich sah dich; ديدمش *dîdämäsch* — ich sah ihn; بدهيد *bédehīd* — geben Sie!; نان بدهيدش *nân bédehīdäsch* — geben Sie ihm Brot!; dagegen: نانشرا بدهيد *nânäsch-rā bédehīd* — geben Sie sein Brot!

---

[1]) Unbetont!

6. Rückbezügliches Fürwort

Das rückbezügliche Fürwort „(sich) selbst" heißt persisch خود *chod* (mit kurzem *o* zu sprechen, trotz der Schreibung mit و), meist verbunden mit den Kurzformen der besitzanzeigenden Fürwörter:

خودم *chódäm* — ich selbst; خودمان *chodemân* — wir selbst;

خودت *chódät* — du selbst; خودتان *chodetân* — ihr, Sie selbst;

خودش *chódäsch* — er, sie selbst; خودشان *chodeschân* — sie selbst.

Dieses Fürwort ist insofern von Wichtigkeit, als es in gutem Persisch stets für das persönliche oder besitzanzeigende Fürwort eintritt, wenn dieses bereits als Satzgegenstand im Satze vorhanden ist. Beispiel: „ich gab meine Hand" ist mit دستِ خود را دادم *dast-e chód-rā dâdäm* zu übersetzen, und nicht mit دستمرا دادم *dástäm-rā dâdäm.* Diese Regel wird heute allerdings nicht mehr streng eingehalten.

7. Bezügliche Fürwörter

Die bezüglichen Fürwörter lauten:

که *ke, ki* — der, welcher (meist persönlich gebraucht, unselbständig);

[آن] چه *(ân) tsche* — das, was (nur sächlich gebraucht, selbständig).

Das Hauptwort, dem das bezügliche Fürwort که *ke* folgt, erhält ein langes, unbetontes, sogenanntes „hinweisendes *ī*“ angehängt:

مردیکه *márdī-ke* — der (ein) Mann, der..

زنیکه *zắnī-ke* — die (eine) Frau, die..

Als bezügliches Fürwort kann که *ke* nicht unmittelbar gebeugt werden. Vielmehr muß hierzu ein persönliches Fürwort eingeschoben werden:

مردیکه باو *márdī-ke be-û* — der Mann, dem..;

مردیکه اورا دیدم *márdī-ke û-rā dîdäm* oder

مردیکه دیدمش *márdī-ke dîdäm-äsch* — der Mann, den ich sah.

Die Umgangssprache geht allerdings auch über diese Regel vielfach hinweg.

8. Fragefürwörter

که	*ke (ki)?*	— wer?
که	*-e- ké?*	— wessen?
بکه	*be-ké?*	— wem?
کرا	*ké-rā?*	— wen
کیست	*kīst?*	— wer ist?
چه	*tsché?*	— was für ein? was (für letzteres meist: چه چیز? *tsché tschīz?* = „welche Sache?“)

چهها *tsche-hâ?* — was für Dinge?; was auch immer..

چرا *tschérā?* — warum?; als Aussage: „doch!‘

چند *tschänd?* — wieviel? für wieviel?

کدام *kodâm?* — welcher? welche? welches?

کجا *kodschâ?* — wo? wohin?

از کجا *äz kodschâ?* — woher?

چه طور *tsché-tour?* — wie? wieso? auf welche Weise?

کی *kei?* — wann? wieso?

چه وقت *tsché-wacht?* — wann? (wörtlich: „welche Zeit?“)

9. Hinweisende Fürwörter

این *īn* — dieser, diese, dieses

اینها *īn-hâ* — diese (Mehrzahl)

آن *ān (un)* — jener, jene, jenes;

آنها *ān-hâ* — jene (Mehrzahl)

همین *hắmīn* — eben dieser;

همان *hämân* — eben jener

چنین *tschonîn*, چنان *tschonân (tschonun)* — ein solcher, so (wie dies, das)

همچنین *hắm-tschonîn* — gerade so, genau ein solcher.

Beispiele:

این مرد *īn mard* — dieser Mann;

باین مرد *be-în mard* — diesem Manne;

آن زنرا *ān zắn-rā* — jene Frau (wen?);

آنهارا دیدم *ān-hâ-rā dîdäm* — ich sah sie (= jene, Mehrz.).

10. Unbestimmte Fürwörter

چند *tschänd* — einige, etliche (mit Einzahl des Hauptworts, z. B.: چند نفر *tschänd nafár* — etliche Personen);

چندین *tschändîn*, چندان *tschändân* — wie sehr, so sehr, so viele;

هر *har* — jeder, jede, jedes; هر يك *har jắk* — ein jeder;

هرکه *hár-ke*, هرآنکه *har-ân-ke* — jeder, der; wer auch immer;

هرچه *hár-tsche* — was auch immer;

هرچند *hár-tschänd* — wie sehr auch;

کسی *kắsī* — jemand;

هیچ کس نه *hîtsch käs nắ* — niemand;

همه کس *hämắ käs* — jedermann;

کسیکه *kắsī-ke* — derjenige, welcher;

کسانیکه *käsânī-ke* — diejenigen, welche;

همه کس *hämắ käs* — alle (Leute);

همه همه *hämắ hämắ* — alle miteinander;

چیزی *tschîzī* — etwas („eine Sache");

همه چیز *hämá tschīz* — alles;

هیچ چیز نه *hîtsch tschīz ná* — nichts;

هیچ جا *hîtsch dschā* — nirgends;

دیگر *dīgár* — ander, der (die, das) andere;

دیگری *dīgárī*, یکی دیگر *jákī dīgár* — ein anderer;

یکدیگر *jäk-dīgár* — einander;

هیچ یك *hîtsch jäk* — kein einziger;

شخصی *scháchsī* — jemand („eine Person");

هر دو *hár do* — alle beide.

11. Zahlwörter

Wert	Ziffer	In arabischen Buchstaben	Aussprache
0	٠	صفر	*sefr*
1	١	يك	*jäk*
2	٢	دو	*do*
3	٣	سه	*sé*
4	۴, ٤	چهار	*tschähâr*
5	٥, ۵	پنج	*pändsch*

Wert	Ziffer	In arabischen Buchstaben	Aussprache
6	٦	شش	*schésch, schisch*
7	٧	هفت	*häft*
8	٨	هشت	*häscht*
9	٩	نه	*noh*
10	١٠	ده	*dah, däh*
11	١١	يازده	*jāzdáh*
12	١٢	دوازده	*dawāzdáh*
13	١٣	سيزده	*sīzdáh*
14	١٤	چهارده	*tschähârdáh*
15	١٥	پانزده	*punzdáh*
16	١٦	شانزده	*schunzdáh*
17	١٧	هيوده	*hīwdáh*
18	١٨	هيجده	*hīdschdáh*
19	١٩	نوزده	*nūzdáh*
20	٢٠	بيست	*bīst*
21	٢١	بيست و يك	*bīst-o-jấk*
22	٢٢	بيست و دو	*bīst-o-dó*
23	٢٣	بيست و سه	*bīst-o-sé*
24	٢٤	بيست و چهار	*bīst-o-tschähâr*
29	٢٩	بيست و نه	*bīst-o-nóh*

Wert	Ziffer	In arabischen Buchstaben	Aussprache
30	٣٠	سی	*sī*
31	٣١	سی و يك	*sī-o-jắk*
32	٣٢	سی و دو	*sī-o-dó*
40	٤٠	چهل	*tschehél*
50	٥٠	پنجاه	*pändschâh*
60	٦٠	شصت	*schast*
70	٧٠	هفتاد	*haftâd*
80	٨٠	هشتاد	*haschtâd*
90	٩٠	نود	*nawád*
100	١٠٠	صد	*sad*
101	١٠١	صد و يك	*sad-o-jắk*
126	١٢٦	صد و بيست و شش	*sad-o-bîst-o-schésch*
200	٢٠٠	دويست	*dawîst*
237	٢٣٧	دويست و سی و هفت	*dawîst-o-sī-o-häft*
300	٣٠٠	سيصد	*sīsád*
400	٤٠٠	چهارصد	*tschähār-sád*
500	٥٠٠	پانصد	*pānsád, pūnsád*
600	٦٠٠	ششصد	*schesch-sád*
700	٧٠٠	هفت صد	*häft-sád*
800	٨٠٠	هشت صد	*häscht-sád*

Wert	Ziffer	In arabischen Buchstaben	Aussprache
900	۹۰۰	نه صد	*noh-sád*
978	۹۷۸	نه صد و هفتاد و هشت	*noh-sád-o-haftâd-o-häscht*
1000	۱۰۰۰	هزار	*hazâr*
1001	۱۰۰۱	هزار و یك	*hazâr-o-jấk*
1941	۱۹٤۱	هزار و نه‌صد و چهل و یك	*hazâr-o-nohsád-o-tschehél-o-jấk*
10000	۱۰۰۰۰	ده هزار	*dah-hazâr*
Million		میلیون	*milijûn*

Aus diesen Grundzahlen werden durch Anfügen der betonten Endung *-óm* die Ordnungszahlen gewonnen.

Sonderfall: „Der erste“ heißt meist اوّل *awwál.*

Beispiele:

دوّم *dowwóm,* دویم *dojóm* — der zweite;

سوّم *sewwóm,* سیّم *sejjóm* — der dritte;

چهارم *tschähāróm* — der vierte;

جای بیستم *dschâ-je bīstóm* — der zwanzigste Platz;

اسپِ بیست و یکم *äsp-e bīst-o-jäkóm* — das einundzwanzigste Pferd.

Anders als im Deutschen nimmt das auf ein Zahlwort folgende persische Hauptwort keine Mehrzahl-Endung an. Beliebt ist dagegen die Einschaltung eines Zählwortes, das bei Personen stets نفر *nafár* („Person"), bei Dingen meist تا *tā* oder دانه *dānắ* („Stück") lautet:

سه نفر سرباز *sé nafár sarbâz* — drei Soldaten;

پنج تا صندوق *pändsch tā sandûq* — fünf Kisten.

Besonderheiten:

صدها *sad-hâ* — Hunderte; هزارها *hazār-hâ* — Tausende; سه بار *sé bār* — dreimal (statt *bār* kann auch دفعه *daf'ắ* oder مرتبه *martabắ* eingesetzt werden); دو باره *do bārắ* — zum zweiten Mal; پنج جور *pändsch dschûr* — fünferlei; يك تا *jắk-tā* — einfach; دو تا *dó-tā* — doppelt; دو برابر *do barābár* — zweimal soviel; نيم *nīm* — halb; نصف *nesf* — die Hälfte; ثلث *sols* — ein Drittel; دو ثلث — *do sols* — $^2/_3$; ربع *rob'* — ein Viertel; سه ربع *sé rob'* — $^3/_4$; پنج يك *pändsch jắk* — ein Fünftel; شش يك *schisch jắk* — ein Sechstel; دو و نيم *do o nîm* — zweieinhalb; پنج در صد *pändsch dar sád* — fünf Prozent.

12. Zeitwort

Das persische Zeitwort endigt entweder auf *-dän* (bezw. *-îdän*) oder auf *-tän*, z. B. كردن *kárdän* — „machen", رفتن *ráftän* — „gehen".

Durch Abstreichen des Schluß-„n" erhält man das unveränderliche Mittelwort der Vergangenheit:

کرده *kardǻ* — „gemacht"; رفته *raftǻ* — „gegangen".

Das Hilfszeitwort بودن *bûdän* „sein" lautet in der Gegenwart:

ام *äm* — ich bin;		ایم *īm* — wir sind;
ای *ī* — du bist;		اید *īd* — ihr seid, Sie sind;
است *äst* — er, sie, es ist;		اند *änd* — sie sind.

Das Mittelwort der Vergangenheit bildet zusammen mit diesen Formen die Vorgegenwart (das Perfekt). Dies gilt für jedes beliebige Zeitwort, ohne Rücksicht darauf, ob die zusammengesetzten Formen im Deutschen mit „sein" oder mit „haben" gebildet werden:

کرده ام *kardǻ äm* — ich habe gemacht;
[کردهٔ] کرده ای *kardǻ ī* — du hast gemacht;
کرده است *kardǻ äst* — er, sie, es hat gemacht;
کرده ایم *kardǻ īm* — wir haben gemacht;
کرده اید *kardǻ īd* — ihr habt, Sie haben gemacht;
کرده اند *kardǻ änd* — sie haben gemacht.

Genau entsprechend:

رفته ام *raftǻ äm* — ich bin gegangen;
[رفتهٔ] رفته ای *raftǻ ī* — du bist gegangen usw.

Die einfache Vergangenheit (das Praeteritum, *passé défini)* eines beliebigen persischen Zeitwortes erhält man durch Abstreifen der Endung *-än* und durch Anfügen der Formen der Gegenwart des Hilfszeitwortes „sein“, außer in der 3. Person Einzahl, die ohne Zusatz bleibt.

Beispiel: Von dem Zeitwort کردن *kárdän* „machen“ wird *-än* abgestreift, es bleibt *kard-* übrig. Hieran treten die Formen *äm, ī, īm, īd, änd* (nicht jedoch *äst*, das entfällt):

کردم *kardäm* — ich machte;

کردی *kardī* — du machtest;

کرد *kard* — er, sie, es machte;

کردیم *kardîm* — wir machten;

کردید *kardîd* — ihr machtet, Sie machten;

کردند *kardänd* — sie machten.

Entsprechend lautet die Vergangenheit des Hilfszeitwortes „sein“:

بودم *bûdäm* — ich war;

بودی *bûdī* — du warst;

بود *būd* — er, sie, es war;

بودیم *būdîm* — wir waren;

بودید *būdîd* — ihr wart, Sie waren

بودند *bûdänd* — sie waren.

Daraus gewinnen wir für jedes beliebige Zeitwort die Vorvergangenheit (das Plusquamperfekt):

کرده بودم *kardắ būdäm* — ich hatte gemacht;

رفته بودی *raftắ būdī* — du warst gegangen;

داده بود *dādá būd*	— er hatte gegeben;
دیده بودیم *dīdá būdīm*	— wir hatten gesehen;
بوده بودید *būdá būdīd*	— ihr waret gewesen;
گرفته بودند *gereftá būdänd*	— sie hatten genommen.

Durch Vorsetzen der betonten Silbe *mî-* vor die Formen der Vergangenheit eines Zeitwortes erhalten wir die Dauervergangenheit (das Imperfekt): میکردم *mîkardäm* — „ich pflegte zu machen". Diese Formen dienen gleichzeitig zum Ausdruck der unwirklichen Vergangenheit. میکردم *mîkardäm* heißt somit auch „ich hätte gemacht".

Die Leideform (das Passiv) wird im Persischen mit dem Hilfszeitwort شدن *schódän* „werden" gebildet. Die Leideform der Vergangenheit lautet:

دیده شدم *dīdá schodäm*	— ich wurde gesehen;
گرفته شدی *gereftá schodī*	— du wurdest ergriffen;
کرده شد *kardá schod*	— es wurde gemacht

usw.

دیده شده ام *dīdá schodá äm*	— ich bin gesehen worden;
گرفته شدهٔ *gereftá schodá ī*	— du bist ergriffen worden;
کرده شده است *kärdá schodá äst*	— es ist gemacht worden

usw.

Zur Bildung der Gegenwart eines persischen Zeitwortes bedarf es jeweils des Gegenwartstammes, der zugleich die Befehlsform verkörpert. Dieser Stamm wird bei den zahlreichen Zeitwörtern auf *-îdän* (mit wenigen Ausnahmen) unmittelbar durch Abstreifen von *-îdän* gewonnen, z. B.:

رسیدن *rasîdän* — gelangen

Gegenwartstamm: رس *ras* — gelange!

Im allgemeinen ist jedoch der Gegenwartstamm gesondert zu merken (siehe die Liste der wichtigsten Zeitwörter mit ihren Gegenwartstämmen auf S. 39—41). Das bedeutet in Wirklichkeit für den Lernenden keine allzu große Belastung, da in der heutigen Sprache die weitaus meisten Zeitwörter zusammengesetzt sind, d. h. sie entstehen durch Verbindung eines unveränderlichen, meist arabischen Ausdrucks mit einem der wenigen persischen Hilfszeitwörter wie *kardän* „machen" oder *dāschtän* „haben".

Beispiel für die Formen der Gegenwart eines Zeitworts: Von کردن *kardän* „machen" heißt der Gegenwartstamm کن *kon*, von رفتن *raftän* „gehen": رو *rou* (wenn ein Selbstlaut folgt: *raw)*, von گرفتن *gereftän* „nehmen, greifen": گیر *gīr*. An diese Stämme treten die jeweiligen Personen-Endungen an, die mit den Formen der Gegenwart des Hilfszeitwortes „sein" übereinstimmen, ausgenommen in der dritten Person Einzahl, wo statt است *äst* eine Endung د *-äd* antritt. Vor die so gewonnenen Formen tritt nun eine Vorsilbe, die den Wortton auf sich zieht. Bei der Aussageform (beim Indikativ) lautet diese Vorsilbe مي *mî-*, bei der Möglichkeitsform (beim Konjunktiv) ب *bé-*. Somit erhalten wir folgende Bildungen:

Aussageform:

ميكنم	*mîkonäm*	— ich mache;
ميكنى	*mîkonī*	— du machst;
ميكند	*mîkonäd*	— er, sie, es macht;
ميكنيم	*mîkonīm*	— wir machen;
ميكنيد	*mîkonīd*	— ihr macht, Sie machen;
ميكنند	*mîkonänd*	— sie machen.

Möglichkeitsform:

بكنم	*békonäm*	— (daß) ich mache;
بكنى	*békonī*	— ,, du machest;
بكند	*békonäd*	— ,, er, sie, es mache;
برويم	*bérawīm*	— ,, wir gehen;
برويد	*bérawīd*	— ,, ihr geht, Sie gehen;
بروند	*bérawänd*	— ,, sie gehen.

Die Befehlsform geht wie erwähnt gleichfalls vom Gegenwartstamm aus. كن *kon* heißt an sich bereits „tue! mache!", doch wird zumeist ein verstärkendes, betontes *bé-* davorgesetzt. Die Befehlsformen lauten also:

بكن *békon* — mache, tue! (Volksaussprache: *bókon!*)

بکنیم *békonīm* — laßt uns machen!

بکنید *békonīd* — machet! machen Sie!

Bei der Möglichkeitsform der Gegenwart und bei den Befehlsformen des Hilfszeitwortes „sein“ entfällt die Vorsilbe *bé-:*

باشم *bâschäm* — ich sei;

باشی *bâschī* — du seist;

باشد *bâschäd* — er, sie, es sei;

باشیم *bāschîm* — wir seien;

باشید *bāschîd* — ihr seiet, Sie seien;

باشند *bâschänd* — sie seien.

باش *bâsch!* — sei!

باشیم *bāschîm!* — seien wir!

باشید *bāschîd!* — seid! seien Sie!

Zusammengesetzte Formen:

شده باشم *schodắ bāschäm* — ich sei geworden;

بوده باشی *būdắ bāschī* — du seist gewesen;

کرده باشی *kardắ bāschäd* — er habe gemacht;

رفته باشیم *raftắ bāschīm* — wir seien gegangen

usw.

Die Gegenwart der Leideform (das Präsens des Passivs) wird regelmäßig aus dem Hilfszeitwort شدن *schodän* (Gegenwartstamm: شو *schou, schäw)* „werden“ gewonnen:

مشوم *mîschäwäm* — ich werde;
دیده میشوم *dīdä́ mīschäwäm* — ich werde gesehen;
دیده میشوی *dīdä́ mīschäwī* — du wirst gesehen;
دیده میشود *dīdä́ mīschäwäd* — er wird gesehen
usw.

Die Zukunft wird mit dem Hilfszeitwort خواستن *chåstän*[1]) — Gegenwartstamm: خواه *chåh* — gebildet, das eigentlich „wollen" bedeutet. In dieser Bedeutung wird es ganz regelmäßig abgewandelt, z. B. میخواهم *mîchåhäm* — „ich will". Soll jedoch die Zukunft eines andern Zeitwortes ausgedrückt werden, so entfällt das *mî-*, und von dem betreffenden Zeitwort wird die Endung *-än* abgestrichen. Dies ergibt:

خواهم کرد *chåhä́m kard* — ich werde machen;
خواهی کرد *chåhî kard* — du wirst machen;
خواهد شد *chåhä́d schod* — er wird werden;
خواهیم رفت *chåhîm raft* — wir werden gehen;
خواهید گرفت *chåhîd geréft* — ihr werden, Sie werden nehmen;
خواهند بود *chåhä́nd būd* — sie werden sein.

Die Verneinung wird bei sämtlichen Zeitwortformen durch Vorsetzen der betonten Silbe *nä́-* gebildet:

---

[1]) Wie *chāstän* auszusprechen, das *ā* allenfalls etwas dumpfer, etwa so wie im engl. *small, tall.*

نمیکنم	*ná-mīkonäm*	— ich mache nicht;
ندیدی	*ná-dīdī*	— du sahst nicht;
نداده است	*ná-dādä äst*	— er hat nicht gegeben;
نگرفته بودیم	*ná-gereftä būdîm*	— wir hatten nicht genommen;
نخواهید آمد	*ná-chåhīd āmäd*	— Sie werden nicht kommen;
نمیدیدند	*ná-mīdīdänd*	— sie hätten nicht gesehen, sie pflegten nicht zu sehen;
نکنید	*ná-konīd!*	— machen Sie nicht!

In der Befehlsform kommt zuweilen eine Verneinungssilbe *má-* vor, z. B. مکن *mákon!* — „mache nicht!" Bei verneinten Befehlsformen entfällt die Vorsilbe *bé-*.

Beispielhafte Übersicht über sämtliche Zeitwortformen

(3. Person Einzahl des Zeitwortes „machen, tun"):

میکند	*mîkonäd*	— er macht;
کرد	*kard*	— er machte;
میکرد	*mîkard*	— er pflegte zu machen;
کرده است	*kardá äst*	— er hat gemacht;
کرده بود	*kardá būd*	— er hatte gemacht;
کرده بوده است	*kardá būdá äst*	— er hat gemacht gehabt;

کرده بوده بود	*kardá būdá būd*	— er hatte gemacht gehabt;
خواهد کرد	*chåhäd kard*	— er wird machen;
کرده خواهد بود	*kardá chåhäd būd*	— er wird gemacht haben;
کرده	*kardá*	— gemacht;
کنان	*konân*	— machend;
کننده	*konändá*	— ein Machender
بکند	*békonäd*	— er mache;
میکرد	*mîkard*	— er hätte gemacht;
بکن	*békon!*	— mache!
کرده میشود	*kardá mîschäwäd*	— es wird gemacht;
کرده شد	*kardá schod*	— es wurde gemacht;
کرده شده است	*kardá schodá äst*	— es ist gemacht worden;
کرده شده بود	*kardá schodá būd*	— es war gemacht worden;
کرده خواهد شد	*kardá chåhäd schod*	— es wird gemacht werden;
کرده میشد	*kardá mîschod*	— es wäre gemacht worden;
کرده شده	*kardá schodá*	— gemacht worden;
کرده شو	*kardá schou!*	— werde gemacht!

13. Besonderheiten des Zeitworts

Im Gegensatz zum Hilfszeitwort „sein" hat das echte Zeitwort „sein" (im Sinne von: vorhanden sein) folgende Gegenwartsformen:

هستم	*hästám*	— ich bin;	هستیم	*hästîm*	— wir sind;
هستی	*hästî*	— du bist;	هستید	*hästîd*	— ihr seid, Sie sind;
هست	*häst*	— er, sie, es ist (da), es gibt;	هستند	*hästánd*	— sie sind.

Die verneinten Formen lauten:

نیستم *nîstäm* — ich bin nicht (da);

نیستی *nîstī* — du bist nicht;

نیست *nîst* — er, sie, es ist nicht, es gibt nicht, usw.

Um einen allgemeinen oder dauernden Seins-Zustand auszudrücken, verwendet der Perser die Formen:

میباشم *mîbāschäm* — ich bin (ständig);

میباشی *mîbāschī* — du bist (ständig) usw.

Die Form است *äst* „ist" des Hilfszeitwortes „sein" verschmilzt häufig mit dem voraufgehenden Wort, wenn dieses auf Selbstlaut endigt. Beispiele: که است *ké äst* wird stets zu کیست *kîst* „wer ist?", چه است *tsché äst* zu چیست *tschîst* „was ist?"; کجا است *kodschâ äst* wird immer *kodschâ-st* gelesen, d. h. wie éin Wort.

Das Zeitwort داشتن *dâschtän* (Gegenwartstamm: دار *dâr*) „haben" im Sinne von „besitzen" nimmt die Vorsilbe *mî-* in der Gegenwart nicht an, z. B. پول دارم *pûl dâräm* — „ich habe Geld". Wird jedoch *dāschtän* als Hilfszeitwort bezw. in zusammengesetzten Zeitwörtern verwendet, so treten die regelrechten Formen wieder in Kraft, z. B.: نگاه میدارم *negâh mīdārăm* — „ich bewahre auf“.

Zusammengesetzte Zeitwörter, die aus einem (stets den Ton auf sich ziehenden) persischen Verhältniswort und einem Hilfszeitwort bestehen, gelten bei der Beugung sinngemäß nicht als Einheit, d. h. es wird jeweils nur das Hilfszeitwort abgewandelt:

برگشتن *bár-gaschtän* — umkehren;
برمیگردم *bár-mīgardăm* — ich kehre um;
پس دادن *pás-dādăn* — zurückgeben;
پس بدهید *pás-bedehīd* — geben Sie zurück!

Aussagen über belebte Wesen in der Mehrzahl bedingen auch beim Zeitwort die Mehrzahlformen; bei Dingen in der Mehrzahl sollte das Zeitwort in der Einzahl stehen, doch kommt heutzutage auch häufig die Mehrzahlform vor:

کارگرها حاضر هستند *kārgar-hấ hāzér hästănd?* — sind die Arbeiter bereit?
صندوقها پر است [اند] *sandūq-hâ pór ăst* (oder *ănd?)* — sind die Kisten voll?

Die Anwendung der Möglichkeitsform (des Konjunktivs) ist im Persischen stets dann gegeben, wenn eine Absicht, ein Wollen, eine Bedingung, ein Zweifel, ja selbst ein Können ausgedrückt werden soll:

میخواهم بروم *mîchâhăm bérawăm* — ich will gehen;
تا برود *tā bérawăd* — damit er gehe;
اگر بروید *agár bérawīd* — wenn Sie gehen (sollten);
شاید بروند *schâjăd bérawănd* — vielleicht gehen sie.

Die Zusammensetzungen mit „können" und „müssen" erheischen besondere Aufmerksamkeit. Die unpersönlichen Formen werden mit dem um die Endung *-än* verkürzten Zeitwort gebildet:

توان رفت *tawân raft* — man kann gehen;

باید دانست *bâjäd dānest* — man muß wissen.

Die persönlichen Formen erfordern das betreffende Zeitwort in der Möglichkeitsform, d. h. der Perser sagt nicht: „ich kann kommen", sondern: „ich kann, (daß) ich komme". Das Hilfszeitwort „können" lautet: توانستن *tawânestän*, der Gegenwartstamm davon: توان *tawân*. Somit erhalten wir folgende Bildungen:

میتوانم بروم *mîtawānäm bérawäm* — ich kann gehen;

میتوانی بروی *mîtawānī bérawī* — du kannst gehen;

میتواند برود *mîtawānäd bérawäd* — er kann gehen usw.

توانستم بروم *tawânestäm bérawäm* — ich konnte gehen;

توانستی بروی *tawânestī bérawī* — du konntest gehen;

توانست برود *tawânest bérawäd* — er konnte gehen usw.

Von dem Hilfszeitwort بایستن *bâjestän* (Gegenwartstamm: باید *bâjäd)* „müssen" sind praktisch nur die unpersönlichen Formen باید *bâjäd* = „es ist nötig" (frz. *il faut)* und بایست *bâjest* = „es war nötig" (frz. *il fallut)* gebräuchlich, wiederum verbunden mit den Möglichkeitsformen des betreffenden Zeitwortes:

باید بروم *bâjäd bérawäm* — ich muß gehen;

باید بروی *bâjäd bérawī* — du mußt gehen;

باید برود *bâjäd bérawäd* — er muß gehen usw.

بایست بروم *bâjest bérawäm* — ich mußte gehen;

بایست بروی *bâjest bérawī* — du mußtest gehen;

بایست برود *bâjest bérawäd* — er mußte gehen usw.

14. Liste der wichtigsten Zeitwörter

Zeitwort	Gegen-wart-stamm	Zeitwort	Gegenwart-stamm	
کردن	کن	*kárdän*	*kon*	machen, tun
شدن	شو	*schódän*	*schóu, schäw*	werden
آمدن	آی	*âmädän*	*âj*	kommen
رفتن	رو	*ráftän*	*rou, raw*	gehen
آوردن	آر آور	*âwardän*	*âr, âwar*	bringen
بردن	بر	*bórdän*	*bar*	tragen, fortschaffen
دادن	ده	*dâdän*	*deh*	geben
گرفتن	گیر	*geréftän*	*gīr*	nehmen, ergreifen
داشتن	دار	*dâschtän*	*dâr*	haben, besitzen
دیدن	بین	*dîdän*	*bîn*	sehen

Zeitwort	Gegen-wart-stamm	Zeitwort	Gegenwart-stamm	
شنیدن	شنو	*schänîdän*	*schänóu*	hören
خواستن	خواه	*chåstän*	*chåh*	wollen
زدن	زن	*zắdän*	*zän*	schlagen
خوردن	خور	*chórdän*	*chor*	essen
رسیدن	رس	*rasîdän*	*ras*	ankommen
نمودن	نما	*nämûdän*	*nämâ*	‚zeigen' heute Hilfszeitwort = machen
فرمودن	فرما	*farmûdän*	*farmâ*	befehlen, geruhen
خاستن	خیز	*chāstän*	*chīz*	aufstehen
نشستن	نشین	*neschắstän*	*neschîn*	sich setzen
گفتن	گو	*góftän*	*gû*	sagen
پختن	پز	*póchtän*	*päz*	kochen, backen
نوشتن	نویس	*newéschtän*	*näwîs*	schreiben
خواندن	خوان	*chåndän*	*chån*	lesen
انداختن	انداز	*andâchtän*	*andâz*	werfen
ساختن	ساز	*sâchtän*	*sâz*	herstellen

Zeitwort	Gegen-wart-stamm	Zeitwort	Gegenwart-stamm	
ماندن	مان	*mândän*	*mân*	bleiben
گذشتن	گذر	*gozáschtän*	*gozár*	vorbei gehen, passieren
بستن	بند	*bástän*	*bänd*	binden
مردن	میر	*mórdän*	*mîr*	sterben
ریختن	ریز	*rîchtän*	*rîz*	schütten, vergießen
آموختن	آموز	*āmûchtän*	*āmûz*	lernen
چیدن	چین	*tschîdän*	*tschîn*	aufsammeln, pflücken
سوختن	سوز	*sûchtän*	*sûz*	brennen, verbrennen
شکستن	شکن	*schekắstän*	*schekắn*	zerbrechen
دانستن	دان	*dânestän*	*dân*	wissen
شناختن	شناس	*schenâchtän*	*schenâs*	kennen
گذاشتن	گذار	*gozâschtän*	*gozâr*	stellen, legen
توانستن	توان	*tawânestän*	*tawân*	können
برگشتن	برگرد	*bár-gaschtän*	*bár-gard*	umkehren
فروختن	فروش	*forûchtän*	*forûsch*	verkaufen
خریدن	خر	*charîdän*	*char*	kaufen

15. Verhältniswörter

Den Gebrauch der sehr mannigfaltigen Verhältniswörter des Persischen kann allein die praktische Übung lehren. Die wichtigsten Verhältniswörter sind:

در توی	*dar, tû-je*	— in;
بر روی	*bar, rû-je*	— auf;
زیرِ	*zîr-e*	— unter;
از	*äz*	— von, aus;
با	*bā*	— mit;
برای	*berâje*	— für;
بِ	*be-*	— nach (Richtung)
بجهتِ	*be-dschehát-e*	— wegen;
دمِ	*dám-e*	— (nahe) bei;
اندرونِ	*andarûn-e*	— innerhalb;
بیرونِ	*bīrûn-e*	— außerhalb;
پیشِ	*pîsch-e,*	
جلوِ	*dschelóu-e*	— vor (räumlich)
پیش از	*pîsch äz,*	
قبل از	*qabl äz*	— vor (zeitlich);
بعد از	*ba'd äz,*	
پس از	*pás äz*	— nach (zeitlich);
پشتِ	*póscht-e*	— hinter;

پهلوی	*pahlû-je*	— neben;
دورادور	*dourādóur-e*	— rings um;
بی	*bī*	— ohne.

16. Bindewörter

و	*wä*[1])	— und;
که	*ké*	— daß;
چون	*tschón*	— als (zeitlich);
اگر	*agár*	— wenn (Bedingung);
وقتیکه	*wáchtī-ke*	— wenn (= dann, wann);
اگرچه	*agár-tsche*	— obgleich
مگر	*magár*	— etwa (fragend);
چونکه	*tschon-ké*	— denn;
تا	*tā*	— damit, auf daß;
تا به	*tâ be*	— bis (daß);
بلکه	*bắlke*	— sondern, vielmehr;
هم نیز	*häm, nīz*	— auch;
یا	*jā*	— oder;
زیراکه	*zīrâ-ke*	— weil;

[1]) Wird in folgenden Fällen *o* (häufig *ō*) ausgesprochen: a) zwischen zusammengehörigen Hauptwörtern wie شب و روز *schäb o rûz* — Nacht und Tag; b) bei zusammengesetzten Zahlen; c) bei Aufzählungen; d) in Gedichten.

پس بعد	*päs, ba'd*	— danach, darauf;
طوریکه	*tóurī-ke*	— so daß;
همینکه	*hắmīn-ke*	— sobald;
امّا	*àmmā,*	— aber, jedoch;
ولی	*wálī,*	
لیکن	*lîkän*	
وگرنه	*wägarnắ*	— wenn nicht;
از آنکه	*äz ân-ke*	— seit.

17. Satzbau

Das Zeitwort oder Hilfszeitwort (die Kopula) tritt stets an den Schluß des Satzes. Persönliche Fürwörter werden spärlich verwendet. Sind zwei Objekte im Satz vorhanden, so tritt das Akkusativ-Objekt vor das Dativ-Objekt:

کتاب‌را بشما دادم *ketâb-rā be-schomâ dādäm* —
ich gab Ihnen das Buch.

Um einen deutschen Nebensatz der Zeit auszudrücken, verwendet der Perser häufig Partizipial-Konstruktionen, z. B.: صبح از خواب برخاسته رخت پوشیده راندیم *sobh äz chåb bárchāstắ, racht pūschīdắ, rāndīm* — wörtlich: „(am) Morgen aus dem Schlaf erhoben, Gewandung angezogen, fuhren wir los“, d. h. „nachdem wir uns am Morgen erhoben und angezogen hatten, fuhren wir los.“

Eine mittelbare Rede kennt das Persische nicht, nur eine unmittelbare. Um auszudrücken: „Er sagte, er werde kommen“, ist also ins Persische zu übersetzen: „Er sagte:

‚ich werde kommen‘.“ Der Doppelpunkt wird dabei oft durch که *ke* wiedergegeben. Der Satz lautet somit: گفت [که] خواهم آمد *goft ke chåhäm āmäd* oder *goft chåhäm āmäd.*

Die Frage wird wie im Deutschen durch den Tonfall ausgedrückt. Allenfalls wird sie durch مگر *magár* „etwa?“ oder (selten) durch das Fragewörtchen آیا *âjā* eingeleitet.

IV

Gesprächswendungen

1. Das Nötigste

’Tag! *ssálām!*	سلام
Ja *bále (bálī)*	(بلی) بله
Ja, mein Herr *bále, Āqā!* (In der persischen Aussprache wird *āqā* zu einem langgezogenen, dumpfen *â* verschliffen, etwa *bále-ââ)*	بله آقا
Nein *chéir;* (betont:) *ná-cheir*	(نه خیر) خیر
Nein, Madame (mein Fräulein)! *ná-cheir, chānóm!*	نه خیر خانم
Vielleicht *schâjäd*	شاید
Wo? *kodschâ?*	کجا ؟
Wo ist ...? ... *kodschâst?* (Volkssprache: ... *kodschâ häst?)*	(کجا هست) کجاست ؟

Wo ist das Teehaus? *qahwắ-chānắ kodschâst?* (eigentlich „Kaffeehaus“)	قهوه خانه کجاست ؟
Hier (dort) *îndschā (ândschā)*	اینجا (آنجا)
Ich weiß es nicht. *nắ-mīdānäm*	نمیدانم
Zeige! *neschân bédeh!*	نشان بده
Ist Tee zu haben? *tschâj dārīd?*	چای دارید؟
Wo findet man Wasser? *âb kodschâ peidâ mîschä-wäd?* (Volksaussprache: *mîschä*)	آب کجا پیدا میشود؟
Es ist kein Wasser da. *âb nîst*	آب نیست
Hier ist welches. *îndschā häst*	اینجا هست
Ich bin hungrig *gorosnắ äm* (vulgär: *gosnắ äm)*	گرسنه ام
Ich habe großen Durst. *chéilī teschnắ äm* *teschnắ* = durstig	خیلی تشنه ام
Bring! *bíjār!* (besser *bíjāwar!*)	بیار
Mach schnell! *zûd bāsch!*	زود باش
Bringen Sie Tee! *tschâj bíjāwarīd!*	چای بیاورید

Tee gefällig? — چای میل دارید؟
tschâj méil darīd?

Seien Sie so gut! — التفات بفرمائید
eltefât béfarmājīd!

Ein großes Glas Tee. — چایِ بزرگ
tschâj-e bozórg

Mit Zucker. — با قند
bā qand

Ohne Milch. — بی شیر
bī schîr

Warmes Wasser. — آبِ گرم
âb-e gárm

Gewiß! — بچشم
be-tschắschm!
(,,bei meinem Auge!", soviel wie: ,,zu Befehl!", oft auch einfach چشم *tschäschm!*; wird vom Untergegebenen gebraucht)

Sehr gern! — باکمالِ میل
bā kamâl-e méil (,,mit Vollkommenheit der Lust")

Haben Sie Obst? — میوه دارید؟
mīwắ dārīd?

Sicherlich! Natürlich! — البتّه
albattắ!

Was für Obst haben Sie? — چه میوه‌ای دارید؟
tsché mīwắ-ī dārīd?

Ist auch Brot da? — نان هم هست؟
nân hắm häst?
(Statt *nân* wird meist *nûn* gesprochen)

Leider nein. *mota'assefānā́ chéir*	متأسّفانه خیر
Ich muß gehen. *bâjäd bérawäm*	باید بروم
Ich habe keine Zeit. *waqt* (sprich: *wacht) nā́-dārām*	وقت ندارم
Es ist sehr spät. *chéilī dîr äst*	خیلی دیر است
Ich habe es eilig. *'adschalā́ dārām*	عجله دارم
Ich brauche. *lāzém dārām*	لازم دارم
Ich brauche ein Auto. *män jäk otōmōbîl lāzém dārām*	من یك اتوموبیل لازم دارم
Sei vorsichtig! *ehtijât kon!*	احتیاط کن
Los! Vorwärts! *jállā !* (die beiden *l* sind recht dumpf auszusprechen wie etwa im engl. *call*, und zwar ist der Doppellaut deutlich als solcher vernehmbar.)	یاالله
Passen Sie auf! *deqqát konīd!*	دقّت کنید
Fahr gerade aus! *râst bórou!*	راست برو
Nach rechts. *dast-e râst*	دستِ راست

Nach links. — دستِ چپ
dast-e tschäp

Zum Bahnhof! — برو بایستگاهِ راه‌آهن
bórou be-īstgâh-e rāh-āhắn!

Langsam! — آهسته
āhestắ!

Sachte! — یواش یواش
jawâsch, jawâsch!

Halt! — وا ایستا [بایست]
wâ īstā! bé-īst!

Warte mal! — صبر کن
sábr kon!

Bleib hier! — اینجا بمان
îndschā bé-mān!

Warten Sie hier! — اینجا منتظر باشید
îndschā montazér bāschīd!

Kehren Sie um! — برگردید
bár-gardīd!

Wo sind wir hier? — اینجا کجا است؟
îndschā kodschâ'st?

Wie heißt dieses Dorf? — اسمِ این ده چیست؟
esm-e în deh tschîst?

Wo sind wir jetzt? — ما حالا کجا هستیم؟
mā hālâ kodschâ hastîm?

Sind Sie fertig? — حاضر هستید؟
hāzér hastīd?

Ich gebe Ihnen ein Trinkgeld. — بشما انعام میدهم
be-schomâ en'âm mîde-häm

Ja, ich bin bereit. — بلی حاضر هستم
bálī, hāzér ḥastäm

Noch nicht. — هنوز خیر
hänûz cheir

Bald. — بزودی
be-zūdî

Schluß! — تمام شد
tamâm schod!
(,,fertig wurde es!")

Benachrichtigen Sie mich! — بمن خبر بدهید
be-mán chabár bédehīd!

Wer ist da? — که هست؟
kí häst? (vulgär für *kîst?*)

Was ist passiert? — چه شده؟
tsché schodá?
(,,was geworden?" — Die Kopula *äst* — ,,ist" bleibt oft weg)

Es hat nichts auf sich. — چیزی نیست
tschîzī nîst
(,,Eine Sache ist es nicht")

Was ist los? — چه خبر است
tsché chabár äst?

Mach die Tür auf! — دررا وا کن
dár-rā wâ kon! (vulgär statt *dár-rā bâz kon!*)

Komm herein! — بیاتو
bíjā tū!

Mach die Tür zu! — در ببند
dar bébänd!

Schließen Sie die Tür! — دررا ببندید
dár-rā bébändīd!

Wer sind Sie? *schomâ kí hastīd?*	شما که هستید؟
Wie heißen Sie? *ésm-e schomâ tschîst?*	اسمِ شما چیست؟
Woher kamen Sie? *äz kodschâ āmädīd?*	از کجا آمدید؟
Was wollen Sie? *tsché mīchåhīd?*	چه میخواهید؟
Was ist Ihr Beruf? *schóghl-e schomâ tschîst?*	شغلِ شما چیست؟
Ich bin Kaufmann. *tādschér-äm*	تاجر ام
Ich bin Ingenieur. *mohandés-äm*	مهندس ام
Ich bin Forschungsreisender *sajjâh-äm*	سیّاح ام
Wohin wollen Sie gehen? *kodschâ mîchåhīd bérawīd?*	کجا میخواهید بروید؟
Komm hierher! *bíjā îndschā!*	بیا اینجا
Komm heraus! *bíjā bīrûn!*	بیا بیرون
Steh auf! *bolánd schou!*	بلند شو
Kommen Sie hierher! *bíjājīd îndschā!*	بیائید اینجا
Ich komme gleich. *al'ân mîjājäm*	الآن میآیم
Gehen Sie dorthin! *bérawīd ândschā!*	بروید آنجا

Geh schon! *bórou dīgấ!* (Alltags-Aussprache statt *bérou dīgấr)*	برو دیگر
Scher dich weg! *góm schou!* (wörtlich: „werde verloren!“)	گم شو
Laß es los! *wél-äsch kon!*	ولش کن
Hör schon auf! *bấs äst!*	بس است
Wer bist du denn? *tó ké hastī?*	تو که هستی؟
Rede keinen Unsinn! *tscharánd mấ-gū!*	چرند مگو
Wie heißt du? *esm-e to tschîst?*	اسمِ تو چیست؟
Was machst du da? *tsché kâr mīkonī?*	چه کار میکنی؟
Wer hat das getan? *īn kâr-rā ké kardấ äst?*	این کاررا که کرده است؟
Weshalb? *berâje tsché?*	برایچه؟
Wieso? *tsché-tour?*	چه طور؟
Du lügst. *dorûgh mîgū'ī* („Lüge sagst du“)	دروغ میگوئی
Komm mit mir! *bā mấn bíjā!*	با من بیآ
Tu das nicht nochmal! *dīgấr īn kâr-rā nákon!*	دیگر این کاررا نکن

Was ist das? *în tschí-ä?* (Volkssprache statt: *în tsché äst?)*	ابن چه است؟
Geht das? *mîschäwäd?* Eigentlich: „wird es?“, vulgär *mîschä* ausgesprochen.	میشود؟
Das geht nicht! *în ná-mīschäwäd!*	ابن نمیشود
Das ist möglich. *în momkén äst*	این ممکن است
Hoffen wir es! *enschā’allâh!*	انشاءلله
Ich bin Deutscher. *ālmānî hastäm*	آلمانی هستم
Sprechen Sie deutsch? *schomâ ālmānî harf mîzänīd?*	شما آلمانی حرف میزنید؟
Sehr wenig. *besijâr käm*	بسیار کم
Ich kann kein Persisch. *fārsî balád nîstäm*	فارسی بلد نیستم
Ich spreche ein wenig persisch. *qádrī fārsî harf mîzänäm.*	قدری فارسی حرف میزنم
Verstehen Sie mich? *mớrā mîfahmīd?*	مرا میفهمید؟
Ich habe nicht verstanden. *moltafét ná-schodäm*	ملتفت نشدم.

Ich verstehe nicht gut. — خوب نمیفهمم
chûb nắmīfahmäm.

Wie heißt das auf persisch? — اینرا بفارسی چه میگویند؟
în-rā be-fārsî tsché mîgūjänd?

Sprechen Sie langsam! — یواش حرف بزنید
jawâsch harf bézänīd!

Los, sprich! — ده بگو
deh, bógū!
(bógū ist die Volksaussprache für *bégū!)*

Sagen Sie! — بگوئید
bógūjīd! (Volksaussprache statt *bégūjīd!)*

Was sagen Sie da? — چه میگوئید
tsché mîgūjīd?

Können Sie mir sagen, ..? — میتوانید بنده بگوئید
mîtawānīd be-bändắ bégūjīd?

Guten Tag, mein Herr! — سلام علیکم آقا
salâm ʿaléikom, Āqā!

Die arabische Wendung heißt wörtlich: „Heil über Euch!"

Seien Sie willkommen! — خوش آمدید
chósch āmädīd!

Bitte! — بفرمائید
béfarmājīd!
(mit entsprechender Handbewegung kann es auch bedeuten: treten Sie ein! oder: machen Sie es sich

bequem!, nie aber im Sinne von ‚bitte‘ auf die Dankesäußerung eines andern.)

Setzen Sie sich! — بنشینید
béneschīnīd!

Wie geht es Ihnen? — حالِ شما چه طور است
hâl-e schomâ tschétour äst?

Danke, sehr gut. — تشکّر میکنم خیلی خوب
taschakkór mîkonäm, chéilī chūb

Gott sei Dank! — الحمدلله
alhamdoléllāh!

Ich bitte. — خواهش میکنم
chåhésch mīkonäm

Geben Sie! — بدهید
bédehīd!

Was kostet das? — این چند است؟
în tschắnd äst?

Wieviel verlangen Sie? — چند میخواهید
tschänd mîchåhīd?

Wie bitte? — چه فرمودید؟
tsché farmūdīd?

Das ist sehr teuer. — خیلی گران است
chéilī gerân äst

Sie irren sich. — اشتباه میکنید
eschtebâh mîkonīd

Das ist zuviel. — زیاد است
zijâd äst

Wieviel wollen Sie dafür? — چقدر برای این میخواهید؟
tschéqadr berâje în mîchåhīd?

Das ist viel zu viel! — این خیلی زیاد است
în chéilī zijâd äst!

Geben Sie es billiger! — ارزانتر بدهید
arzân-tàr bédehīd!

Ist es gut? — خوب است؟
chûb äst? (vulgär: *chûb ä?*)

Ich gebe 5 Tomân. — پنج تومان میدهم
pändsch tomân mîdehäm

Das ist genug. — بس است
bás äst

Mehr gebe ich nicht. — بیشتر نمیدهم
bīschtár ná-mīdehäm

Na schön! (Sehr gut!) — بسیار خوب
besijâr chūb!

Noch ein bißchen. — یک قدری دیگر
jäk-qádrī dīgár

Mag sein! Und wenn schon! Sei's drum! Laß mal! — باشد
bâschäd!

Etwas anderes. — چیزِ دیگر
tschîz-e dīgár

Sind Sie einverstanden? — قبول میکنید؟
qabûl mîkonīd?

Ich nehme es mit. — برمیدارمش
bármīdārām-äsch

Entschuldigen Sie! — ببخشید
bébachschīd!

Schadet nichts! — عیب ندارد
'eib ná-dārād!

Es hat keine Bedeutung. (Macht nichts! Tut nichts zur Sache!) — اهمّیتی ندارد
ähämmijátī ná-dārād

Sie haben Recht. *haqq dārīd*	حقّ دارید
Vergessen Sie es nicht! *farāmûsch nắ-konīd!*	فراموش نکنید
Vielen Dank! *lotf-e schomâ zijâd!* (wörtlich: Ihre Güte ist sehr groß!)	لطفِ شما زیاد
Auf Wiedersehen! *chodâ hāféz!* („Gott sei Euer Beschützer!“)	خدا حافظ
Leben Sie wohl! *marhamát-e schomâ zijâd!* („Ihre Gnade ist sehr groß“)	مرحمتِ شما زیاد

2. Unterwegs

Wo ist das Zollbüro? *daftár-e gomrók kodschâ-st*	دفترِ گمرک کجا است ؟
Sie müssen erst eine Paßeintragung vornehmen lassen. *schomâ bâjäd qablắn gozar-nāmắ-je chodetân-rā be-emzâ bérasānīd*	شما باید قبلاً گذرنامهٔ خودتان را بامضاء بِرسانید
Wo denn? *päs kodschâ?*	پس کجا ؟
Gehen Sie hinter diesen Leuten her! *în aschchâs-rā pei-rawî konīd!*	این اشخاص‌را پیروی کنید

Ich bitte darum, meinen Paß zu visieren. *tamannâ mīkonäm, gozarnāmấ-je marā emzâ konīd!*	تمنّا میکنم گذرنامهٔ مرا امضاء کنید
Er ist völlig in Ordnung. *kāmelắn morattáb äst*	کاملاً مرتّب است
Ich reise von hier nach Teheran. *män äz îndschā be-Tehrân mosāfarát mîkonäm*	من از اینجا بتهران مسافرت میکنم
Kann ich meinen Paß nicht gleich bekommen? *nắ-mītawānäm pāspórt-äm-rā fourắn dárjāft konäm?*	نمیتوانم پاسپرتم‌را فوراً دریافت کنم؟
Wo sind Ihre Sachen? *asbâb-hâ-je schomâ kod-schâ-st?*	اسبابهای شما کجا است؟
Hier, dieser Koffer und jene Reisetasche. *îndschā-st, în dschāmädân wä ân chordschîn-e safarî.*	اینجا است این جامه‌دان و آن خورجینِ سفری
Haben Sie etwas zu deklarieren? *tschîzī dārīd, ezhâr konīd?*	چیزی دارید اظهار کنید؟
Absolut nichts. *äbädắn, tschîzī nắ-dārām*	ابداً چیزی ندارم
Ich habe nur Unterwäsche und persönliche Kleidungsstücke. *män faqát malbûs-e zîr wä lebâs-e schachsî dārām*	من فقط ملبوسِ زیر ولباسِ شخصی دارم

Meine Sachen sind verloren gegangen. *asbāb-hâ-jäm góm schodá äst*	اسبابهایم گم شده است
Die Truhe (Kiṣte) geht nicht auf. *sandûq bāz ná-mīschäwäd*	صندوق باز نمیشود
Machen Sie sie nicht auf! *bāz-äsch ná-konīd!*	بازش نکنید
Träger, nehmen Sie meinen Koffer! *hammâl, dschāmädân-e marā bárdārīd!*	حمّال جامه‌دانِ مرا بردارید
Wieviel habe ich zu bezahlen? *tsché-qadr bâjäd bépardāzäm?* (oder *bédehäm*)	چقدر باید بپردازم ؟
Besorgen Sie mir eine Droschke! *jäk doroschká berâje mán peidâ konīd!*	یک درشکه برای من پیدا کنید
Wieviele Tage bleiben Sie in Hamadân? *tschánd rūz dar Hamadân mîmānīd?*	چند روز در همدان میمانید ؟
Ich hörte, daß Sie nicht in der Stadt bleiben werden. *schänîdäm ke dar scháhr ná-chåhīd mānd*	شنیدم که در شهر نخواهید ماند
Er sagte, er gehe morgen nach Semnân. *goft ke fardâ mîrawam Semnân.*	گفت که فردا میروم سمنان

Zwei Tage vor seiner Abreise kam er zu mir. *do rūz qábl äz harakát-äsch näzd-e män āmäd*	دو روز قبل از حرکتش نزدِ من آمد
Er wird noch einige Tage in Qom bleiben. *û tschänd rūz-e dīgár dar Qóm chåhäd mând*	او چند روزِ دیگر در قم خواهد ماند
Wo ist der Bahnhof? *īst-gâh-e rāh-āhán ko-dschâ-st?* *rāh-āhän* = Eisenbahn	ایستگاهِ راه‌آهن کجا است؟
Sind wir noch weit vom Bahnhof weg? *äz îst-gāh-e rāh-āhán chéilī dûr hästîm?*	از ایستگاهِ راه‌آهن خیلی دور هستیم؟
Sagen Sie mir bitte, wo ist der Fahrkarten-Schalter? *chåhésch mīkonäm béfar-māјīd, belîtforūschî kod-schâ-st?*	خواهش میکنم بفرمائید بلیطفروشی کجا است؟
Eine Fahrkarte erster (zweiter) Klasse nach Qom. *jäk belît-e daradschá-je awwál (dowwóm) tā Qóm.*	یک بلیطِ درجهٔ اوّل (دوم) تا قم
Geben Sie mir eine Fahrkarte für hin und zurück! *jäk belît-e do-sará be-mán bédehīd!*	یک بلیط دو سره بمن بدهید
Wollen Sie einen Eckplatz? *jäk dschâ dar gūschá mî-chåhīd?*	یك جا در گوشه میخواهید؟

Jawohl, bitte sehr!
báli, chåhésch mīkonäm
بلی خواهش میکنم

Wo ist die Gepäckaufgabe?
daftar-e sabt-e bâr ko-dschâ-st?
دفترِ ثبتِ بار کجا است ؟

Kann ich mein Gepäck im voraus wegschicken?
mîtawānäm qablán bâr-e chódäm-rā béferestäm?
میتوانم قبلاً بارِ خودم‌را بفرستم

Geben Sie mir den Fahrplan!
rāhnämâ-je rāh-āhán-rā bemán bédehīd!
راه‌نمای راه آهن را بمن بدهید

Wo ist der Wartesaal?
otâq-e entezâr kodschâ-st?
اطاقِ انتظار کجا است ؟

Wo ist die Gepäckaufbewahrung?
ambâr-e asbāb-hâ-je mosāferîn kodschâ-st?
انبارِ اسبابهای مسافرین کجا است؟

Wo ist der Zug nach Qazwîn?
qetâr dschehát-e Qazwîn kodschâ-st?
قطار جهةِ قزوین کجا است ؟

Das ist ein Personenzug.
în qetâr-e kond-róu'st
این قطارِ کندروست

Dies ist ein Schnellzug.
în qetâr-e tond-róu'st
این قطارِ تندروست

Dort ist noch Platz.
ândschā dschā häst
آنجا جا هست

Gibt es in diesem Zug ein Raucherabteil?
dar în qetâr otâq-e machsûsī berâje sīgâr-kesch-hâ häst?
در این قطار اطاقِ مخصوصی برای سیگارکشها هست ؟

Raucher.
dochānijât āzâd
(‚Rauchen frei‘)

دخانیات آزاد

Nichtraucher.
dochānijât mamnû‘
(‚Rauchen verboten‘)

دخانیات ممنوع

Hier ist das Rauchen verboten.
īndschâ sīgār-keschīdắn qadaghán äst

اینجا سیگارکشیدن قدغن است

Rauchen strengstens untersagt!
este‘mâl-e dochānijât akīdắn mamnû‘-st

استعمال دخانیات اکیداً ممنوعست

Gibt es in diesem Zug einen Speisewagen?
wāgón-e ghazâ-chorî dar în qetâr häst?

واگن غذا خوری در این قطار هست ؟

Nein, aber einen Schlafwagen.
chéir, āqâ, ámmā wāgón-e châb häst

خیر آقا امّا واگن خواب هست

Entschuldigen Sie, ist dieser Platz belegt?
bébachschīd, în dschā gereftắ schodắ äst?

ببخشید این جا گرفته شده است ؟

Gestatten Sie, daß ich das Fenster öffne, es ist sehr warm.
edschāzắ bédehīd, schīschắ-je pändschärắ-rā pā'în békonäm, chéilī garm äst

اجازه بدهید شیشهٔ پنجره‌را پائین بکنم خیلی گرم است

Es ist ein wenig kühl.
hawâ qádrī chonók äst

هوا قدری خنک است

Erlauben Sie, daß ich das Fenster hochschiebe?
edschāzá mîdehīd, schīschá-je pändschärá-rā bālâ békeschäm?

اجازه میـدهیـد شیشهٔ پنجره‌را بالا بکشم؟

Stört Sie der Rauch nicht?
dûd schomâ-rā azijät nấmīkonäd?

دود شمارا اذیت نمیکند؟

Lehnen Sie sich nicht an die Tür!
bar rû-je dár täkijấ nấkonīd!

بر روی در تکیه نکنید

Notbremse.
tormóz-e chatár

ترمزِ خطر

Trinkwasser.
âb-e chorākî

آبِ خوراکی

Das Betreten der Toilette während des Haltens des Zuges auf einer Station ist verboten.
raftán-e mostarâh dar mouqé'-e tawaqqóf-e qetâr dar īstgâh mamnû'-st
mostarâh = Toilette; *dar mouqé'-e* = zur Zeit von, während; *tawaqqóf* = Aufenthalt; *qetâr* = Zug; *īstgâh* = Station, Bahnhof

رفتنِ مستراح در موقعِ توقّفِ قطار در ایستگاه ممنوعست

Ihre Fahrkarte, bitte! *belît-e schomâ chåhésch mî-konäm*	بلیطِ شما خواهش میکنم
Hier ist sie. *îndschā'st*	اینجا است
Ich suche meine Tasche. *män kîf-e chód-rā dschosto-dschû mîkonäm*	من کیفِ خودرا جستجو میکنم
Wo ist sie verloren gegangen? *kodschâ gom schodắ?*	کجا گم شده ؟
Verlieren Sie die Geduld nicht! *housalắ-je schomâ täng nắ-schäwäd!* *housalắ* = Gemüt; *täng* = eng	حوصلهٔ شما تنگ نشود
Um welche Zeit kommen wir nach Kärädsch? *tsché mouqé' be-Kärắdsch chåhîm rasîd?*	چه موقع به کرج خواهیم رسید ؟
Wie lange haben wir dort Aufenthalt? *tsché-qadr mâ ândschā ta-waqqóf chåhîm kard?*	چقدر ما آنجا توقّف خواهیم کرد ؟
Wo muß ich umsteigen? *kodschâ bâjäd qetâr-rā 'a-wáz konäm?*	کجا باید قطاررا عوض کنم ؟
Wann fährt der Autobus nach Kaschan? *kéi otobûs be-Kāschân chå-häd raft?*	کی اتوبوس به کاشان خواهد رفت ؟

Morgen zeitig in der Frühe. *fardâ sobh-e besijâr zûd*	فردا صبحِ بسیار زود
Fährt er öfters am Tage? *rūzī tschänd daf'ắ mîrawäd?*	روزی چند دفعه میرود؟
Haben Sie noch zwei Plätze frei? *do dschâ-je chālî dārīd?*	دو جای خالی دارید؟
Gewiß, vorne oder hinten? *albattắ, dar dschelóu jâ dar 'aqáb?*	البتّه در جلو یا در عقب؟
Neben einem Fenster. *dắm-e jäk pändschärắ*	دمِ یک پنجره
Wann fahren wir ab? *kéi harakắt chåhîm kard?*	کی حرکت خواهیم کرد؟
Steigen Sie ein! *sawâr schäwīd!*	سوار شوید
Wann kommen wir nach Mäschhäd? *kéi be-Mäschhắd chåhîm rāṣīd?*	کی به مشهد خواهیم رسید؟
Können Sie mir sagen, wo das Büro der Garage „Rey" ist? *mîtawānīd be-mắn bégūjīd, daftár-e gārâž-e Rey kod-schâ-st?*	میتوانید بمن بگوئید دفترِ گاراژ ری کجا است؟
Am Heerschar-Platz. *dar meidân-e sepắh*	در میدانِ سپه
Wo ist die Garage? *gārâž kodschâ-st?*	گاراژ کجا است؟
Kann ich auf zwei Tage ein Auto mieten? *mîtawānäm jäk otōmōbîl*	میتوانم یک اتوموبیل برای دو روز کرایه کنم؟

berâje do rûz kerâjắ konäm?	
Ich nehme es für mich allein. *darbást mîgīräm-äsch* *darbást* = ‚Tür verschlossen', d. h. ein anderer Reisender kann keinen Platz in diesem Auto mieten.	دربست میگیرمش
Wie hoch ist der Mietpreis? *qeimát-e kerâjắ tschắnd äst?*	قیمتِ کرایه چند است؟
Übermorgen fahre ich ab. *pásfardâ harakát mîkonäm*	پس فردا حرکت میکنم
Haben Sie das Auto zurecht gemacht? *otōmōbîl-rā doróst kardīd?*	اتوموبیل را درست کردید؟
Ich habe es noch nicht zurecht gemacht. *hänûz doróst nắkardäm-äsch*	هنوز درست نکردمش
Ich möchte jetzt aufbrechen. *mîchåhäm hālâ bérawäm*	میخواهم حالا بروم
Machen Sie bitte Platz! *bī-zahmát, râh bédehīd!* *bī-zahmát* = ‚ohne Mühe'	بی زحمت راه بدهید
Mein Schafspelz hat sich in die Tür geklemmt. *pūstîn-äm lā-je dár māndắ äst* („Mein Pustin ist zwischen der Tür geblieben")	پوستینم لای در مانده است

Wohin führt dieser Weg? *în rāh kodschâ mîrawad?*	این راه کجا میرود؟
Ist er sicher? *ắmn äst jā nắ?*	امن است یا نه؟
Wie weit ist der Weg? *râh tsché-qadr äst?*	راه چقدر است؟
Ich will Ihnen auf der Karte den Weg zeigen, den ich einschlagen möchte. *mîchåhäm be-schomâ rū-je naqschắ râhī-ke mîchåhäm bérawäm neschân bédehäm*	میخواهم بشما روی نقشه راهی که میخواهم بروم نشان بدهم
Wo ist der Weg nach Isfahan? *râh-e Esfahân kodschâ-st?*	راهِ اصفهان کجا است؟
Der Weg ist ganz kaputt. *rāh chéilī charâb äst.*	راه خیلی خراب است
Es staubt sehr. *chéilī gard o ghobâr dāräd* *gard* = Staub; *ghobâr* = Staub.	خیلی گرد و غبار دارد
In jener Richtung ist es gefährlich. *äz ân taráf chatarnắk äst*	از آن طرف خطرناك است
Der Weg ist grundlos. *rāh schól äst*	راه شل است
Der Weg ist verschlammt. *rāh gél schodä äst*	راه گل شده است
Die Sonne blendet mich. *āftâb tschắschm-rā mîzänäd*	آفتاب چشمرا میزند
Wo gibt es in dieser Steppe trinkbares Wasser? *dar în bijābân âb-e chor-*	در این بیابان آبِ خوردنی کجا پید میشود؟

dänî kodschâ peidâ mî-schäwäd?

Es ist kein Wasser anzutreffen. — آب پیدا نمیشود

âb peidâ nắ-mīschäwäd

Wie weit ist es von hier bis zum Fluß? — از اینجا تا برودخانه چه‌قدر راه است؟

äz îndschâ tā be-rūdchānắ tsché-qadr rāh äst?

Ist es weit? — دور است؟

dûr äst?

Sehr weit. — خیلی دور است

chéilī dûr äst

Von hier aus sind es drei Stunden. — از اینجا سه ساعت راه است

äz îndschā sé sā'át râh äst

Sechs Farsách. — شش فرسخ

schisch farsách

farsách = Parasange, Wegstunde = ungefähr 6 km.

Wie tief ist dieser Fluß? — این رودخانه چقدر گود است؟

în rūdchānắ tsché-qadr góud äst?

Das Wasser ist sehr kalt. — آب خیلی سرد است

âb chéilī sard äst

Die neue Brücke ist schön. — پلِ جدید قشنگ است

pol-e dschadîd qaschắng äst

Diese Brücke ist nicht groß. — این پل بزرگ نیست

în pol bozórg nîst

Wieviele Häuser hat dieses Dorf?
în déh tschänd chānā́ dāräd?
این ده چند خانه دارد؟ .

Ich denke, es hat fünfzig Häuser.
gomân mîkonäm ke pändschâh chānā́ dāschtā́ bāschäd
گمان میکنم که پنجاه خانه داشته باشد

Ich weiß nicht, wie dieser Ort heißt.
nā́-mīdānäm, esm-e îndschā tschîst
نمیدانم اسمِ اینجا چیست

Sind Sie nicht müde geworden?
chastā́ nā́-schodīd?
خسته نشدید؟

Nicht allzusehr.
nā́ zijâd
نه زیاد

Wir legten eine große Strecke zurück.
masāfā́t-e zijâdī téi kardīm
مسافتِ زیادی طی کردیم

Sind wir am Ziel?
be-maqsád rasīdīm?
بمقصد رسیدیم؟

Wie weit haben wir noch bis Qom?
tsché-qadr dârīm tā be-Qóm bérawīm?
چقدر داریم تا به قم برویم؟

Wo können wir übernachten?
kodschâ mîtawānīm schäb bémānīm?
کجا میتوانیم شب بمانیم؟

In diesem Dorfe gibt es viele Fliegen. *[äst*
dar în déh mägás farāwân

در این ده مگس فراوان است

Hier ist es sehr schmutzig.
îndschā chéilī kasîf äst

اینجا خیلی کثیف است

Wir bleiben die Nacht über hier.
émschäb îndschā mîmānīm

امشب اینجا میمانیم

Machen Sie den Preis mit dem Teehauswirt aus!
qeimát-äsch-rā bā qahwätschî qat' konīd!

قیمتش را با قهوه‌چی قطع کنید

Geben Sie dem Fahrer zu essen und zu trinken.
be-schoffőr chordänî wä āschāmīdänî bédehīd!

بشوفر خوردنی و آشامیدنی بدهید

Besorgen Sie mir einen Samowar!
jäk samāwár berâje män tahijá konīd!

یک سماور برای من تهیه کنید

Kehren Sie bald zurück!
zūd bárgardīd!

زود برگردید

Wie heißt dieser Berg?
ésm-e īn kûh tschîst?

اسم این کوه چیست؟

Kann ich hinaufsteigen?
mîtawānäm bālâ bérawäm?

میتوانم بالا بروم؟

Wie hoch ist jener Schneeberg?
ân kûh-e barfdâr tschéqadr ertefâ' däräd?

آن کوه برفدار چقدر ارتفاع دارد؟

barf = Schnee
ertefâ' = Höhe

Er ist immer schneebedeckt.
hämīschā́ pór äz bárf äst
همیشه پر از برف است

Ich möchte einen Führer, der etwas Deutsch versteht.
jäk rāhnämâ mîchåhäm ke qádrī ālmānî bédānäd
یک راهنما میخواهم که قدری آلمانی بداند

Lassen Sie ihn bitte holen!
chåhésch mîkonäm, ʿaqáb-e û béferestīd!
خواهش میکنم عقبِ او بفرستید

Wollen Sie mich auf den Demāwend führen?
mîchåhīd marā be-kûh-e Demāwánd rāhnämā'î konīd?
میخواهید مرا بکوهِ دماوند راهنمائی کنید؟

Ich kenne den Weg auf diesen Berg.
män râh-e în kûh-rā baládäm
من راهِ این کوه‌را بلدم

Haben Sie Empfehlungsbriefe?
sefārésch-nāmā́ dārīd?
سفارش نامه دارید؟

Wieviel verlangen Sie für die Tour?
tsché-qadr berâje râh motāläbā́ mīkonīd?
چقدر برای راه مطالبه میکنید؟

Ich gebe Ihnen 3 Toman, reicht Ihnen das?
be-schomâ sé tomân mîdehäm, rāzî hastīd?
بشما سه تومان میدهم راضی هستید؟

Wir müssen Verpflegung mitnehmen.
باید توشه همراه برداریم

bâjäd tūschá hämrâh bár-dārīm	
Wieviel Stunden Wegs sind es? *râh tschänd sā'át tûl mî-keschäd?*	راه چند ساعت طول میکشد؟
Können wir zu Fuß gehen? *mîtawānīm pijādá béra-wīm?*	میتوانیم پیاده برویم؟
Wir müssen Reitpferde nehmen. *bâjäd äsb-e sawārî bégīrīm*	بایدِ اسبِ سواری بگیریم
Können Sie mir ein verläßliches Pferd geben? *momkén äst be-mán jäk äsb-e motma'én bédehīd?*	ممکن است بمن یك اسبِ مطمئن بدمید؟
Dieses Pferd ist besser als das da. *în äsb äz ân behtár äst*	این اسب از آن بهتر است
Wieviel habe ich dafür zu bezahlen? *berâje în tsché-qadr bâjäd bépardāzäm?*	برای این چقدر باید بپردازم؟
Geben Sie dem Pferd etwas Wasser! *qádrī āb be-ásb bédehīd!*	قدری آب باسب بدهید
Der Gurt ist lose. *täng schól äst*	تنگ شل است
Der Sattel rutscht. *zîn lîz mîchoräd*	زین لیز میخورد
Die Steigbügel sind zu kurz. *rekāb-hâ kūtâh haständ*	رکابها کوتاه هستند

Packen Sie das Gepäck auf den Esel! *asbāb-hâ-rā rû-je olâgh bóg-zārīd!*	اسباب‌هارا روی الاغ بگذارید
Ich gehe zu Fuß. *män pijādắ mîrawäm.*	من پیاده میروم
Gehen Sie mir voran! *dschelóu-e män bérawīd!*	جلوِ من بروید
Nach welcher Richtung wollen wir gehen? *be-kodâm taráf bérawīm?*	بکدام طرف برویم؟
Wir wollen einen Umweg machen. *dóurī chåhīm zäd* („einen Kreis werden wir schlagen")	دوری خواهیم زد
Gehen Sie etwas langsamer! *qádrī āhestä-tár bérawīd!*	قدری آهسته‌تر بروید
Sie gehen zu langsam. *schomâ chéilī āhestắ mîrawīd*	شما خیلی آهسته میروید
Wir wollen uns ausruhen. *esterāhát konīm*	استراحت کنیم
Müssen wir im Freien übernachten? *bājéstī schäb bīrûn béchå-bīm?*	بایستی شب بیرون بخوابیم؟
Wann können wir wieder zurück sein? *kéi mîtawānīm bárgaschtắ bāschīm?*	کی میتوانیم برگشته باشیم؟

Alles ist fertig für die Reise.
hämắ tschīz berāje safár hāzér äst

همه چیز برای سفر حاضر است

Ist all mein Gepäck fertig?
tamâm-e asbāb-hâ-je män hāzér äst?

تمامِ اسبابهای من حاضر است ؟

Was soll ich sagen?
tsché ʻárz konäm?
ʻarz = Unterbreitung;
ʻarz kardän = sagen (höflicher Ausdruck für das eigene Sprechen)

چه عرض کنم ؟

Vielleicht ist es fertig.
schâjäd hāzér äst

شاید حاضر است

Wenn Sie an Bord gehen, geben Sie gut acht!
wáchtī-ke sawâr-e kaschtî mîschäwīd, motawaddschéh bâschīd!
kaschtî = Schiff; *motawaddschéh* = achtsam.

وقتیکه سوارِ کشتی میشوید متوجّه باشید

Wie ruhig das Kaspische Meer ist!
tsché-qadr bahr-je chazár ārâm äst!
bahr-e chazar = „Chasaren-Meer"

چقدر بحرِ خزر آرام است

Gestern war das Meer ziemlich bewegt.
dîrūz darjâ qádrī monqaléb būd

دیروز دریا قدری منقلب بود

Wo ist der Flugplatz? *forūdgâh kodschâ-st?*	فرودگاه کجا است؛
Ist das Flugzeug gelandet? *hawā-peimâ forûd āmädắ äst?*	هواپیما فرود آمده است؛
Ich fürchte, luftkrank zu werden. *mîtarsäm dar hawâ hâläm be-hắm béchoräd*	میترسم در هوا حالم بهم بخورد
Teheran kommt in Sicht! *Tehrân dīdắ mîschäwäd*	تهران دیده میشود
Wir werden gleich ankommen. *be-zūdî chåhîm rasîd*	بزودی خواهیم رسید
Wir kamen wohlbehalten an. *sālém wāréd schodīm*	سالم وارد شدیم

3. Gasthof

Können Sie mir in Zändschân ein gutes Hotel nennen? *mîtawānīd dar Zändschân jäk mehmān-chānắ-je chûb be-mắn mo'arrafî konīd?*	میتوانید در زنجان یک مهمانخانهٔ خوب بمن معرّفی کنید؛
Wo haben Sie gestern geschlafen? *dîschäb kodschâ chåbīdīd?*	دیشب کجا خوابیدید؛

Ich bin müde von der Reise. *män dar natīdschắ-je mosāfarät chastắ schodâ äm* *natīdschắ* = Ergebnis	من در نتیجهٔ مسافرت خسته شده ام
Haben Sie ein leeres Zimmer? *otâq-e chālî dārīd?*	اطاقِ خالی دارید؟
Ich möchte ein Zimmer mit zwei Betten. *jäk otâq-e do tacht-e châbắ mîchâhäm*	یك اطاقِ دو تختِ خوابه‌میخواهم
Ich möchte gern ein ruhiges Zimmer haben. *méil dārām jäk otâq-e sākét dāschtắ bāschäm*	میل دارم یك اطاقِ ساکت داشته باشم
Ist dort fließendes Wasser vorhanden? *ândschā âb-e dschārî dārād?*	آنجا آبِ جاری دارد؟
Elektrisch Licht, Heizung, Telefon und Klingel *tscherâgh-e barq wä bochārî wä telefón wä zäng-e achbâr*	چراغِ برق و بخاری و تلفن و زنگِ اخبار
Wieviel verlangen Sie dafür? *berâj-e ân otâq tsché-qadr mîchâhīd?*	برای آن اطاق چقدر میخواهید؟
Das ist zuviel. *în chéilī zijâd äst*	این خیلی زیاد است
Das Zimmer ist nicht breit genug. *în otâq be-qádr-e kefājät ʿarîz nīst*	این اطاق بقدرِ کفایت عریض نیست

be-qadr-e kefājät = im Maße der Genüge

Dieses Zimmer ist dunkel. *în otâq tārîk äst*	این اطاق تاریك است
Das Fenster geht nach dem Hof hinaus. *pändschärắ-äsch be-taráf-e hejât äst*	پنجره اش بطرفِ حیاط است
Das andere ist hell. *ân jắkī rouschắn äst*	آن یکی روشن است
Schön, ich nehme es. *chûb, mîgīräm-äsch*	خوب میگیرمش
Können Sie mein Gepäck vom Bahnhof holen? *mîtawānīd bār-hâ-je marā äz îstgāh bíjāwarīd?*	میتوانید بارهای مرا از ایستگاه بیاورید؟
Geben Sie mir bitte das Telefonbuch! *lotfắn, ketâb-e ādrès-e telefón-rā be-mắn bédehīd!*	لطفاً کتابِ آدرسِ تلفن‌را بمن بدهید
Tragen Sie den Brief fort! *în kāghắz-rā bébarīd!*	این کاغذرا ببرید
Geben Sie dieses Telegramm zur Post! *īn telgerâf-rā be-edārắ-je post bédehīd!*	این تلگراف‌را باداره پست بدهید
Wann gehen Sie zu Bett? *schomâ tsché-wacht mîchȧbīd?*	شما چه وقت میخوابید؟
Ihr Zimmer ist fertig. *otâq-etân hāzér äst*	اطاقتان حاضر است

Folgen Sie mir! *dombâl-e mán bíjājīd!*	دنبالِ من بیائید
Was möchten Sie? *tsché mîchâhīd?*	چه میخواهید؟
Warmes Wasser, eine Seife, ein Handtuch, ein Waschbecken, Zündhölzer. *âb-e garm, jäk sābûn, jäk houlá, jäk lägán, kebrît*	آبِ گرم یک صابون یک حوله یک لگن کبریت
Bringen Sie warmes Wasser zum Händewaschen! *āb-e gárm bíjāwarīd berâje dást schostán*	آبِ گرم بیآورید برای دست شستن
Diese Seife ist alt. *īn sābûn kohná äst*	این صابون کهنه است
Ich möchte abgekochtes Wasser haben. *âb-e dschûschīdá mîchâhäm*	آبِ جوشیده میخواهم
Kocht das Wasser? *âb dschûsch âmäd?*	آب جوش آمد؟
Sie haben die Flasche nicht gefüllt. *schomâ botrî-rā pór nákardä īd*	شما بطری را پر نکرده اید
Bringen Sie ein reines Handtuch! *jäk houlá-je pâk bíjāwarīd!*	یك حولهٔ پاك بیاورید
Wechseln Sie die Bettücher aus. *malāfá-hâ-rā ʻawáz konīd!*	ملافه‌هارا عوض کنید

Ich habe keinen weißen Anzug. *lebâs-e säfîd ná-dāräm*	لباسِ سفید ندارم
Man soll zwei Steppdecken bringen. *do lehâf bíjārand*	دو لحاف بیآرند
Ich wünsche drei Wolldecken. *sé tā patû mîchåhäm*	سه تا پتو میخواهم
Eine genügt. *jáki kefāját mīkonäd*	یکی کفایت میکند
Bürsten Sie den Mantel aus! *pāletó-rā māhût-pāk-kon bé-zänīd* *māhût-pāk-kon* = Bürste („Stoff-rein-mach!“)	پالتورا ماهوت پاك کن بزنید
Bügeln Sie diese Hose aus! *în schalwâr-rā otû békeschīd!*	این شلواررا اطو بکشید
Bringen Sie den Koffer zu mir her! *dschāmedân-rā pîsch-e mán bíjāwarīd!*	جامدان پیشِ من بیاورید
Stellen Sie die Lampe auf den Tisch! *tscherâgh-rā rû-je mîz bóg-zārīd!*	چراغرا روی میز بگذارید
Zünden Sie die Lampe an! *tscherâgh-rā rouschán konīd!*	چرغرا روشن کنید

Besorgen Sie Papier und Bleistift!
kāghấz wä medấd bíjā-warīd!

کاغذ و مداد بیاورید

Das Feuer im Ofen taugt nichts.
în ātésch-e bochārî hắm ke be-dárd nắ-mīchoräd.

این آتشِ بخاری هم که بدرد نمیخورد

Passen Sie gut auf, daß die Kohlen keinen Gestank verbreiten!
dorost negâh konîd zoghâl bū nắ-dāschtä bāschäd
dorost = richtig
zoghâl = Holzkohle
bū = Geruch

درست نگاه کنید ذغال بو نداشته باشد

Ist auch ein Badezimmer vorhanden?
otâq-e hammâm häm dārīd?

اطاقِ حمّام هم دارید؟

Wo ist die Toilette?
mostarâh kodschâ-st?

مستراح کجا است؟

Machen Sie den Riegel fest zu!
tschéft-e dár-rā mohkám bébändīd!

چفتِ دررا محکم ببندید

Ziehen Sie den Vorhang zu!
pardắ-rā békeschīd!

پردهرا بکشید

Machen Sie das Licht aus!
tscherâgh-rā chāmûsch konīd!
chāmûsch = still, schweigend

چراغرا خاموش کنید

Wecken Sie mich in der Frühe um 7 Uhr! *sobh sāʿát-e häft márā bīdâr konīd!*	صبح ساعتِ هفت مرا بیدار کنید
Wer klopft? *kîst dár mīzänäd?* *dar* = Tür	کیست در میزند؟
Ich bin's, mach auf! *män hastäm, dár-rā bâz kon!*	من هستم دررا باز کن
Komm herein, der Schlüssel steckt! *dāchél schou, kelîd tû-je qofl äst* Statt *dāchél schou* vulgär: *bíjā tû!* *qofl* = Schloß	داخل شو کلید توی‌قفل است
Führe den Gast herein! *mehmân-rā be-în otâq bíjāwar!*	مهمان‌را باین اطاق بیاور
Was, Sie sind noch im Bett? *tsché-tour! hänûz schomâ dar rachtechåb hastīd?*	چطور هنوز شما در رختخواب هستید؟
Wie spät ist es denn? *magár tsché sāʿátī-st?*	مگر چه ساعتی است؟
Es ist Zeit zum Aufstehen. *mouqéʿ-e bár-chåstän äst*	موقعِ برخواستن است
Jetzt bin ich dran. *noubá-je mắn äst* *noubá* = Reihenfolge	نوبهٔ من است

Ich stehe gleich auf.
män al-ân boländ mîschäwäm

من الآن بلند میشوم

Ich ziehe mich gerade an.
dārām lebâs mîpūschäm

دارم لباس میپوشم

Gießen Sie etwas kaltes Wasser ins Waschbecken!
qádrī âb-e sárd dar dastschūrî bérīzīd!

قدری آبِ سرد در دستشوری بریزید

Bringen Sie ein bißchen warmes Wasser, ich will mich rasieren.
qádrī âb-e gárm be-mắn bédehīd, mîchåhäm eslâh konäm
eslâh = Kämmen, Rasieren

قدری آبِ گرم بمن بدهید میخواهم اصلاح کنم

Bringen Sie ein anderes Stück Seife!
jäk qāléb-e sābûn-e dīgár-rā bíjārīd!
qāléb = Form, Model, bei Seifen = Stück

یك قالبِ صابونِ دیگررا بیارید

Putzen Sie meine Schuhe!
kafsch-hâ-je marā pâk konīd!

کفشهای مرا پاک کنید

Sind meine Schuhe geputzt worden?
ājā kafsch-e mắn wâks zädắ schodắ äst?
wâks = engl. *wax* = Stiefelwichse; *w.zädän (zän)* = Stiefel wichsen

آیا کفشِ من واکس زده شده است؟

Die Schuhe sind schlecht geputzt.
īn kafsch-hâ bäd tämîz schodá änd

این کفشها بد تمیز شده اند

Ich glaube, es ist besser, ich ziehe meine Stiefel an, es ist nasses Wetter.
gomân mîkonäm behtár ân bāschäd ke pūtîn-e chód-rā bépūschäm zīrâ hawâ martûb äst

گمان میکنم بهتر آن باشد که پوطینِ خودرا بپوشم زیرا هوا مرطوب است

Können Sie mir das Frühstück aufs Zimmer bringen?
mîtawānīd sobhāná-je ma-rā be-otâq-äm bíjāwarīd?

میتوانید صبحانهٔ مرا به اطاقم بیاورید؟

Das Frühstück ist fertig.
sobhāná hāzér äst

صبحانه حاضر است

Räumen Sie alles auf!
hämá tschīz-hâ-rā morattáb konīd!

همه چیزهارا مرتّب کنید

Worauf warten Sie noch?
dīgár mo'attál tsché hastīd?

دیگر معطّل چه هستید؟

Wenn jemand nach mir fragt, so sagen Sie, daß ich bald zurück sein werde
agár kási sorâgh-e marā geréft, bégūjīd ke be-zūdî morādscha'át chåhäm kard
sorâgh = Nachfrage

اگر کسی سراغِ مرا گرفت بگوئید که بزودی مراجعت خواهم کرد

Stellen Sie bitte meine Rechnung aus! *chåhésch mīkonäm, sūrát-e hesâb-e marā hāzér konīd!*	خواهش میکنم صورتِ حسابِ مرا حاضر کنید
Haben Sie meine Sachen herunter geschafft? *asbâb-hâ-je marā pā'în bor-dīd?*	اسبابهای مرا پائین بردید؟
Gehen Sie und holen Sie mir eine Droschke! *bérawīd wä jäk doroschkǻ berâje män peidâ konīd!*	بروید و یک درشکه برای من پیدا کنید

4. Mahlzeiten

Hier ist das Teehaus. *īndschâ qahwǻ-chānǻ äst* (eigentlich „Kaffeehaus")	اینجا قهوه خانه است
Bringen Sie Tee! *tschâj marhamát konīd!* *marhamát kardän* = ‚Güte betätigen', höfliche Wendung für geben, bringen.	چای مرحمت کنید
Eine Tasse Tee. *jäk fendschân tschâj*	یک فنجان چای
Mit Zucker? *bā qand?* *qand* = Hutzucker, Würfelzucker *schekár* = gemahlener [Zucker	با قند

Was haben Sie zu essen? *schomâ chordānî tsché dā-rīd?*	شما خوردنی چه دارید؟
Ich habe nichts. *män tschîzī ná-dārām*	من چیزی ندارم
Bringen Sie etwas Brot! *qádrī nān bíjārīd!*	قدری نان بیآرید
Das Brot ist reichlich hart. *în nân chéilī seft äst*	این نان خیلی سفت است
Etwas Butter. *qádrī kará*	قدری کره
Die Butter ist nicht frisch. *în kará tāzá nîst*	این کره تازه نیست
Mein Tee ist kalt. *tschâj-e män sárd äst*	چایِ من سرد است
Ihr Tee wird kalt. *tschâj-etân sárd mîschäwäd*	چایتان سرد میشود
Bringen Sie noch ein Glas Tee! *jäk tschâj-e dīgár bíjāwa-rīd!*	یك چایِ دیگر بیاورید
Haben Sie zu Mittag gegessen? *nāhâr chordá īd?*	ناهار خورده اید؟
Noch nicht. *hänûz chéir.*	هنوز خیر
Wann kommen Sie zum Mittagessen? *kéi taschrîf mîjārīd nāhâr béchorīd?*	کی تشریف میآرید ناهار بخورید؟
Wann ist Essenszeit? [äst? *kéi mouqé'-e sarf-e ghazâ*	کی موقعِ صرفِ غذا است؟

Ich habe für drei Personen Mittagessen bestellt.
män berâje sé nafár dastûr-e nāhâr dādā́ äm
dastûr = Anweisung, Bestellung

من برای سه نفر دستورِ ناهار داده ام

Essen Sie etwas!
jäk tschîzī béchorīd!

يك چيزى بخوريد

Ich warte noch auf meine Freunde.
moʿattál-e rofaqâ-je chód hastäm
moʿattál = wartend, aufgehalten; *rofaqâ* (Einzahl: *rafîq)* = Genossen, Gefährten, Kameraden

معطّلِ رفقاى خود هستم

Ich habe guten Appetit.
eschtehâ-je chûbī dārä́m

اشتهاى خوبى دارم

Wozu haben Sie Lust?
tsché meil dārīd?

چه ميل داريد؟

Außer Dickmilch und Buttermilch esse ich alles.
sawâ-je māst wä dūgh har nouʿ-e chorâk ke bāschäd mîchoram
har nouʿ = welche Art immer
chorâk = Nahrung, Speise

سواى ماست و دوغ هر نوعِ خوراك كه باشد ميخورم

Was gibt es heute zu essen?
émrūz ghazâ tsché dārīd?

امروز غدا چه داريد؟

Ich habe noch nicht gefrühstückt. *hänûz tschâscht-e chódäm-rā ná-chordä äm*	هنوز چاشتِ خودمرا نخورده ام
Kellner, die Speisekarte! *pīsch-chedmắt, kârt-e ghazâ!*	پیشخدمت کارتِ غذا
Wieviel verlangen Sie für ein Mittagessen? *tsché-qadr berâje jäk nāhâr motālābắ mîkonīd?*	چقدر برای یک ناهار مطالبه میکنید؟
Geben Sie mir eine Gabel! *tschängâl be-mắn bédehīd!*	چنگال بمن بدهید
Löffel, Messer, Gabel. *qāschóq — kârd — tschängâl*	قاشق کارد چنگال
Das Messer schneidet nicht. *în kârd chûb ná-mīborääd*	این کارد خوب نمیبرد
Teller, Glas, Serviette. *boschqâb — gīlâs — dastmâl-e sofrắ*	بشقاب گیلاس دستمالِ سفره
Was wollen Sie essen? *tsché mîchåhīd béchorīd?*	چه میخواهید بخورید؟
Wollen Sie gekochte Eier essen? *tochm-e mórgh-e âb-päz mîchorīd?* *âb-päz* = ‚wassergekocht'	تخمِ مرغِ آب‌پز میخورید؟
Wenn Sie gestatten, nehme ich von diesem Pelou *agár edschāzắ bédehīd, äz în pelou bár-mīdārām*	اگر اجازه بدهید از این پلو برمیدارم

pelou, auch *polou* gesprochen, bezeichnet das persische Hauptgericht, nämlich Reis zusammengekocht mit Hammelfleisch (allenfalls mit Huhn) in Stückchen, mit Safran und zerlassener Schafsbutter *(roughán)* vermischt.

Am Spieß gebratenes Hühnchen.
käbâb-e dschūdschá

کبابِ جوجه

Bringen Sie mir gebratene Kartoffeln!
berâje mán sībzämīnî-je sorch-kardá bíjāwarīd!

برای من سیب‌زمینی سرخ کرده بیاورید

Was für Arten Fleisch haben Sie?
tsché qesm gûscht dārīd?

چه قسم گوشت دارید؟

Hammelfleisch, Lammfleisch, Kalbfleisch.
gûscht-e gūsfánd, gûscht-e barrá, gûscht-e gūsālá

گوشتِ گوسفند گوشتِ برّه گوشتِ گوساله

Geben Sie mir bitte Lammbraten am Spieß!
schischlik marhamát konīd

ششلیك مرحمت کنید

schischlik (türkisches Wort) bezeichnet kleine, am Spieß gebratene Stückchen Lammfleisch, durchaus zu empfehlen; *marhamát* = Güte

Radieschen, Essiggürkchen, Sellerie, Senfsose.
torbtschắ — chijâr-e torschî — karafs — sôs-e chardál

تربچه خیارِ ترشی کرفس سوسِ خردل

Geben Sie mir ein bißchen Salz!
qádrī namák marhamát konīd!

قدری نمک مرحمت کنید

Etwas Essig und Öl.
qádrī serkắ wä roughán

قدری سرکه و روغن

Hier ist Salz, Pfeffer und Essig.
nämắk wä felfél wä serkắ hāzér äst

نمک و فلفل و سرکه حاضر است

Seien Sie so gut und reichen Sie mir die Butter!
lotf farmūdắ kärắ-rā bebändắ bédehīd

لطف فرموده کره‌را ببنده بدهید

Tomatensalat.
sālâd-e goudschắ-je ferängî

سالادِ گوجهٔ فرنگی

Bitte reichen Sie mir Kartoffeln!
chåhésch dāräm sīb-zamīnî marhamát konīd

خواهش دارم سیب‌زمینی مرحمت کنید

Greifen Sie zu!
bàr-dārīd

بردارید

Rührei.
chāgīnắ

خاگینه

Hart gekochte Eier.
tochm-e morgh-e pochtắ-je séft

تخمِ مرغِ پختهٔ سفت

Das Ei ist nicht hart. *în tochm-e mórgh seft nīst* *morgh* = Vogel, Huhn	این تخمِ مرغ سفت نیست
Sie haben Soße aufs Tischtuch verschüttet. *sôs-rā rūje sofrá rîchtīd*	سوس‌را روی سفره ریختید
Wie schmeckt dieses Hühnchen? *în dschūdschá tsché-tour äst?*	این جوجه چطور است؟
Es ist sehr schmackhaft. *besijâr lazîz äst*	بسیار لذیذ است
Sie essen ja nichts! *schomâ ke hītsch ná-mī-chorīd*	شما که هیچ نمیخورید
Ich mag nichts mehr. *dīgár méil ná-dārām*	دیگر میل ندارم
Ich bin satt. *sîr schodäm*	سیر شدم
Ich habe mehr gegessen als ich hätte sollen. *zijād-tár äz ân-tsche bâjäd chordäm*	زیادتر از آنچه باید خوردم
Darf ich Ihnen etwas anbieten? *edschāzá dārām, tschîzī beschomâ ta'āróf konäm?*	اجازه دارم چیزی بشما تعارف کنم؟
Eine Scheibe Zuckermelone. *jäk qâtsch-e charbozá*	یک قاچِ خربزه
Suchen Sie sich einen dieser Äpfel aus!	یکی از این سیبهارا انتخاب کنید

jắkī äz īn sīb-hâ-rā entechâb konīd!
entechâb = Wahl

Mein Apfel ist besser als der Ihre.
sîb-e mắn äz mâl-e schomâ behtár äst

سیبِ من از مالِ شما بهتر است

Mögen Sie Kaffee?
qahwắ dûst dārīd?

قهوه دوست دارید

Gelegentlich trinke ich welchen.
bá'zī ouqât mîchorām

بعضی اوقات میخورم

Die Tasse ist voll Kaffee.
în fendschân por äz qahwắ äst

این فنجان پر از قهوه است

Ist er süß genug?
schīrīnî-äsch kāfî-st?

شیرینی‌اش کافی است ؟

Geben Sie noch ein bißchen Würfelzucker nach!
bāz hắm qàdrī qánd be-ân béjafzūjīd!

باز هم قدری قندبان بیافزائید

Erlauben Sie, daß ich Ihnen eine Tasse Tee anbiete!
edschāzắ bédehīd jäk fendschân tschāj be-schomâ bédehäm

اجازه بدهید یك فنجان چای بشما بدهم

Sind Sie nicht durstig?
teschnắ nîstīd?

تشنه نیستید؟

Ich sterbe vor Durst.
äz teschnägî mórdäm

از تشنگی مردم

Was wünschen Sie zu trinken?
tsché meil dārīd bénūschīd?

چه میل دارید بنوشید ؟

Nehmen Sie ein Glas Fruchtsaft! *jäk estekân scharbát méil béfarmājīd!*	یك استكان شربت میل بفرمائید
Zum Mittagessen trinke ich keinen Fruchtsaft. *män dar sar-e nāhâr scharbát nā́mīchoräm*	من در سرِ ناهار شربت نمیخورم
Eine Flasche Mineralwasser ist mir lieber. *äz jäk bótrī āb-e ma'danî bīschtár chósch-äm mîjājäd*	از یك بطری آبِ معدنی بیشتر خوشم میآید
Es gibt auch Zitronenwasser. *āb-e līmû häm häst*	آبِ لیمو هم هست
Geben Sie mir ein Glas Bier! *jäk estekân āb-e dschóu bédehīd!*	یك استكان آبِ جو بدهید
In der Flasche ist kein Bier! *tû-je botrī âb-e dschóu nîst*	توی بطری آبِ جو نیست
Ich trinke auf Ihr Wohl! *be-salāmatî-je schomâ mînūschäm!*	بسلامتیٔ شما مینوشم
Geben Sie mir ein Glas Wein! *jäk gīlâs scharâb be-mán bédehīd!*	یك گیلاس شراب بمن بدهید
Rotwein, Weißwein. *scharâb-e qerméz, scharâb-e säfîd*	شرابِ قرمز شرابِ سفید
Geben Sie mir eine Flasche Chollâr-Wein!	یك بطریٔ شرابِ خلاّر بمن بدهید

jäk botrî-je scharâb-e Chollâr be-mắn bédehīd!
(Chollâr ist ein bekannter Weinerzeugungsort bei Schîrâz)

Ist Ihr Glas leer?
gīlâs-e schomâ chālî-st?

گیلاسِ شما خالی است؟

Gestatten Sie, daß ich Ihnen von diesem Fruchtsaft eingieße!
edschāzắ bédehīd äz īn scharbát berāje schomâ bé-rīzäm

اجازه بدهید از این شربت برای شما بریزم

Trinken Sie noch ein Glas Saft!
jäk gīlâs-e dīgắr-e scharbát bénūschīd!

یك گیلاسِ دیگرِ شربت بنوشید

Das hiesige Wasser ist schlecht.
āb-e îndschā bắd-äst

آبِ اینجا بد است

Kellner, zahlen!
pīsch-chedmắt, sūrát-e hesâb!

پیشخدمت صورتِ حساب

Dürfte ich Sie bitten, zum Abendessen zu uns zu kommen?
mîtawānäm äz schomâ es-ted'â békonäm, berâje sarf-e schâm be-bändắ-mänzél taschrîf bíjāwarīd?
ested'â = Bitte;
sarf = das Verzehren;

میتوانم از شما استدعا بکنم برای صرفِ شام ببنده‌منزل تشریف بیاورید؟

bändá-mänzél = ,Dienerhaus', höflich für „mein Haus"	
Ich lade Sie ohne Umstände ein. *be-dûn-e ta'ārṓf schomâ-rā da'wát mîkonäm*	بدون تعارف شمارا دعوت میکنم
Wir sind nur zu zweit. *dschóz mā do nafár kä́sī nîst*	جز ما دو نفر کسی نیست
Um wieviel Uhr essen Sie zu Abend? *dar tsché sā'át schâm mîchorīd?*	در چه ساعت شام میخورید؟

5. Stadtbesichtigung

Kommen Sie mit? *bā män taschrîf mîjāwarīd?* („bringen Sie Beehrung mit mir?")	با من تشریف میاورید؟
Ich möchte in der Stadt spazieren gehen. *mîchâhäm bérawäm dar schä́hr gardésch konäm*	میخواهم بروم در شهر گردش کنم
Droschke! *doróschkee* (beim Heranrufen einer Pferdedroschke wird das Schluß-*e* langgezogen.)	درشکه

Kutscher, sind Sie frei? *doroschketschî, mosāfér nắ--dārīd?*	درشکه‌چی مسافر ندارید؟
Wieviel verlangen Sie pro Stunde? *sā'átī tschänd mîgīrīd?*	ساعتی چند میگیرید؟
Ich nehme Sie stundenweise. *sā'atî hesâb konīm*	ساعتی حساب کنیم
Ich habe nur fünf Toman in der Tasche, reicht Ihnen das? *män faqát pändsch tomân dar dschîb dāräm, ājā be-râje schomâ kāfî-st?*	من فقط پنج تومان در جیب دارم آیا برای شما کافی است؟
Spazierfahrt, -gang *gardésch*	گردش
Kennen Sie diese Stadt? *în schắhr-rā mîschenāsīd?*	این شهررا میشناسید؟
Chauffeur, fahren Sie mich nach der Tulpenbeet-Straße! *āqâ-je schoffőr, marā be--chijābân-e lālāzâr bébarīd!*	آقای شوفر مرا بخیابانِ لاله‌زار ببرید
Warten Sie hier eine Minute! *jäk daqīqắ īndschâ taham-mól konīd!*	یک دقیقه اینجا تحمّل کنید
Jetzt nach der Heerschar-Straße! *hālâ be-chijābân-e sepắh!*	حالا بخیابانِ سپه
Fahren Sie rasch, ich habe Eile!	تند برانید عجله دارم

tond bérānīd, ʿadschalắ dāräm

Fragen Sie den Polizisten!
äz pāsbân béporsīd!
از پاسبان بپرسید

Sie bekommen auch ein ordentliches Trinkgeld.
jäk enʿâm-e chûbī-rā chåhīd geréft
یک انعامِ خوبی‌را خواهید گرفت

Ich habe gerade noch soviel Zeit, um hinzukommen.
doróst ân-qadr wacht dāräm ke be-āndschâ bérasäm
درست آنقدر وقت دارم که بانجا برسم

Hält der Omnibus immer hier an?
otōbûs hämīschắ īndschâ negâh mîdāräd?
اتوبوس همیشه اینجا نگاه میدارد؟

Wo muß ich aussteigen, um zur Deutschen Gesandtschaft zu kommen?
berâje în-ke be-sefārắt-e ālmân bérasam kodschâ bâjäd pijâdắ schäwäm?
برای اینکه به سفارتِ آلمان برسم کجا باید پیاده شوم؟

Zeigen Sie mir erst mal die Sehenswürdigkeiten von Teheran!
auwắl dschā-hâ-je dīdänî--je Tehrân-rā be-mắn neschân bédehīd!
اوّل جاهای دیدنیٔ تهران‌را بمن نشان بدهید

Wie lange brauchen wir, um die ganze Stadt zu sehen?
tsché-qadr wacht lāzém dā-
چقدر وقت لازم داریم که همهٔ شهررا ببینیم؟

rīm ke hämā́-je schā́hr-rā bébīnīm?

Ich habe nur zwei Stunden Zeit.
män faqát do sā'át wacht dārām
من فقط دو ساعت وقت دارم

Mir liegt vor allem daran, den Pfauenthron zu sehen.
berâje män dīdā́n-e tacht-e tāûs bīschtár äz hár tschīz ähämmijā́t dāräd
برای من دیدنِ تختِ طاوس بیشتر از هرچیز اهمیّت دارد

Kommen Sie und sehen Sie es sich an!
bíjājīd wä tamāschâ konīd!
بیائید و تماشا کنید

Sie werden es nicht bereuen.
päschīmân nā́-châhīd schod
پشیمان نخواهید شد

Sollen wir nicht lieber eine Droschke nehmen?
behtár nîst ke mā jäk doroschkā́ bégīrīm?
بهتر نیست که ما یک درشکه بگیریم

Sagen Sie dem Kutscher, wohin er fahren soll!
be-doroschketschî bégūjīd ke kodschâ bérawäd
بدرشکه‌چی بگوئید که کجا برود

In dieser Stadt gibt es einige Moscheen.
dar în schähr tschändîn masdschéd wodschûd dāräd
wodschûd = Existenz
در این شهر چندین مسجد وجود دارد

Wann ist die Burg in Täbrīz erbaut worden?
ارکِ تبریز کی بنا شده است؟

ark-e Täbrîz kéi benâ schodá äst?

DieStufen sind ziemlich steil.
în pällä-hâ nesbätán chéilī sár-bālâ haständ

این پلّه‌ها نسبةً خیلی سربالا هستند

Das sieht nur so aus, sonst ist das Hinaufgehen ganz unbeschwerlich.
faqát în-tour be-nazár mîrasäd, wá ellâ bālă-raftán äz ân chéilī āsân mîbāschäd

فقط اینطور بنظر میرسد والا بالا رفتن از آن خیلی آسان میباشد

Wie schön ist doch diese Moschee!
în masdschéd tsché-qadr qaschấng äst

این مسجد چقدر قشنگ است

Das Museum wird am 15. Farwardîn eröffnet werden.
mūzá dar punzdahóm-e farwardîn maftûh châhäd schod

موزه در پانزدهمِ فروردین مفتوح خواهد شد

Gehen Sie zum Theater und kaufen Sie zwei Karten für heute abend!
bérawīd be-nämājésch-gâh wä do belît berâje émschäb bécharīd
nämājésch-gâh = Theater

بروید بنمایشگاه و دو بلیط برای امشب بخرید

Nehmen Sie für uns einen Platz in der vordersten und einen in der dritten Reihe.
berâje mâ jäk dschâ dar

برای ما یك جا در ردیفِ جلو و یك جا در ردیفِ سوم بگیرید

radîf-e dschelóu wä jäk dschâ dar radîf-e sewwom bégīrīd!

Fast alle Plätze waren ausverkauft.
تقريباً تمامِ بليطها خريدارى شده بود.
taqrībán tamâm-e belīt-hâ charīdārî schodá būd

Die Vorstellung gestern Abend war sehenswert.
نمايشِ ديشب تماشائى بود
nämājésch-e dīscháb tamāschā'î būd
tamāschâ = Schauspiel, Sehenswürdigkeit

Wo gibt es hier ein gutes Kino?
در اينجا سينماى خوب كجا پيدا ميشود؟
dar īndschâ sīnemâ-je chûb kodschâ peidâ mîschäwäd?

Zeigen Sie mir das Programm.
خواهش ميكنم برنامه‌را بمن نشان بدهيد
chåhésch mîkonäm, barnāmá-rā be-mán neschân bédehīd!

Wann beginnt eine neue Vorstellung?
نمايشِ تازه كى شروع ميشود؟
nämājésch-e tāzá kéi schorûʿ mîschäwäd?

Wie lange dauert sie?
چقدر طول خواهد كشيد؟
tsché-qadr tûl chåhäd keschīd?

Welcher Platz ist der beste?
بهترين جا كجا است؟
behtarîn dschâ kodschâ-st?

Sind die Stühle numeriert? *sandalî-hâ schomārắ dā-ränd?*	صندلیها شماره دارند؟
Darf man hier rauchen? *âjā sīgâr keschīdấn dar īndschâ modschâz äst?*	آیا سیگار کشیدن در اینجا مجاز است؟
Dieses Theater ist dreimal abgebrannt. *īn tamāschā-chānắ tā ak-nûn se dafʻắ sūchtắ äst*	این تماشاخانه تا اکنون سه دفعه سوخته است
Ist das Museum heute geschlossen? *âjā émrūz mūzắ bastắ äst?*	آیا امروز موزه بسته است؟
Samstag früh gehe ich dorthin. *män sobh-e schämbắ be-ândschā chåhäm raft*	من صبح ِ شنبه بانجا خواهم رفت
Wo gibt es hier einen Tennisplatz? *dar īndschâ meidân-e ten-nīs kodschâ'st?*	در اینجا میدان تنیس کجاست؟
Kann ich ihn benutzen? *âjā män mîtawānäm äz ân estefādắ nämājäm?*	آیا من میتوانم از آن استفاده نمایم؟
Muß man Bälle mitbringen? *bâjäd tûp hämrâh āward?*	باید توپ همراه آورد؟
Ich habe keinen Tennisschläger. *män rākét-e tennîs nâdāräm*	من راکت ِ تنیس ندارم
Wird der Platz bald frei? *meidân zūd āzâd chåhäd schod?*	میدان زود آزاد خواهد شد؟

6. Besorgungen und Einkäufe

Wohin gehen Sie denn so schnell? *be-în ʿadschälắ be-kodschâ mîrawīd?*	باین عجله بکجا میروید؟
Werden Sie zurückkommen? *âjā morādschaʿắt chåhīd kard?*	آیا مراجعت خواهید کرد؟
Ja, ich komme bestimmt gleich zurück. *bálī, män be-tóur-e hatm alʾân morādschaʿắt chåhäm kard*	بلی من بطورِ حتم الآن مراجعت خواهم کرد
Werden Sie auf mich warten? *ājā montazér-e män chåhīd schod?*	آیا منتظرِ من خواهید شد؟
Dann warte ich hier auf Sie. *päs män dar īndschâ montazér-e schomâ hastäm*	پس من در اینجا منتظرِ شما هستم
Schön, warten Sie hier, ich bin in einer halben Stunde zurück. *besijâr chûb, dar īndschâ montazér-e män bāschīd, nîm sāʿát-e dīgắr morādschaʿắt chåhäm kard*	بسیار خوب در اینجا منتظرِ من باشید نیم ساعتِ دیگر مراجعت خواهم کرد
Wo ist das Hauptpostamt? *edārắ-je kóll-e póst kodschâ-st?*	ادارهٔ کلِّ پست کجا است؟

Wie lange ist die Post auf?
tā tsché-wacht daftár-e post bâz äst?
تا چه وقت دفترِ پست باز است؟

Ich möchte mit Bābolsar telefonieren.
män mîchåhäm be-Bābol-sár telefón konäm
من میخواهم به بابلسر تلفن کنم

Hallo, Nummer 1157!
hāllό, nomrấ jāzdáh pän-dschâh-o-háft!
هالو نمره یازده پنجاه وهفت

Ich möchte ein Telegramm nach Mijānấ schicken.
mîchåhäm jäk telgerâf be-Mijānấ béferestäm
میخواهم یک تلگراف به میانه بفرستم

Wieviel kostet das Wort?
kalemấ-ī tschänd?
کلمه‌ای چند؟

Ich möchte einen Brief nach Deutschland schicken.
mîchåhäm kāghấzī be-Āl-mân béferestäm
میخواهم کاغذی بآلمان بفرستم

Einschreiben.
sefāreschî
سفارشی

Wem gehört dieser Brief?
în kāghấz mâl-e kîst?
این کاغذ مالِ کیست؟

Er gehört mir.
ân mâl-e mán äst
آن مالِ من است

Eben ist ein Brief, der an Sie adressiert ist, eingegangen.
al-ân morāsälấī ke be-ʿon-wân-e schomâ būd rasîd
الآن مراسلهٔ که بعنوانِ شما بود رسید

Ich habe auch einen Brief ins Ausland zu schicken. *män-hắm kāghắzī dārām ke be-chāredschắ béferestäm*	من هم کاغذی دارم که بخارجه بفرستم
Ich werde es über Schīrâz schicken. *ân-rā äz-rāh-e Schīrâz chåhäm ferestâd*	آنرا از راه شیراز خواهم فرستاد
Wo ist das Paßbüro? *edārắ-je gozarnāmắ kodschâ'st?*	ادارهٔ گذرنامه کجا است
Muß man den Paß von der Polizei visieren lassen? *âjā gozar-nāmắ-rā bâjäd be-emzâ-je schährbānî rasānīd?* Statt *pāsport* jetzt meist *gozarnāmắ* گذرنامه. *emzâ* = Unterschrift. Für *schährbānî* früher *nazmijjắ* نظمیّه.	آیا گذرنامه‌را باید بامضای شهربانی رسانید؟
Warum sind Sie hierher gekommen? *tschérā schomâ be-īndschâ âmädắ īd?*	چرا شما باینجا آمده اید؟
Ich bitte um meinen Paß. *bī zahmát, gozar-nāmä-jäm-rā lotf konīd!*	بی زحمت گذرنامه‌امرا لطف کنید
Ich habe ihn vor drei Tagen abgegeben. *sé rūz qabl taqdîm-äsch kardäm*	سه روز قبل تقدیمش کردم

Wann muß ich wieder kommen? *kéi bâjäd bāz bíjājäm?*	کی باید باز بیایم؟
Wo sind Sie geboren? *schomâ dar kodschâ motawalléd schodá īd?*	شما در کجا متولّد شده اید؟
Wann sind Sie geboren? *tsché-wacht schomâ motawalléd schodá īd?*	چه وقت شما متولّد شده اید؟
Wo sind Ihre Eltern? *wāledéin-e schomâ kodschâ haständ?*	والدینِ شما کجا هستند؟
Wo wohnen Sie? *schomâ kodschâ mänzél dārīd?* *mänzél* = Wohnung	شما کجا منزل دارید؟
Ich wohne in der Ferdousī-Straße Nr. 8. *män dar chijābân-e Ferdousî nomrá-je häscht mänzél dāräm*	من در خیابانِ فردوسی نمرهٔ ۸ منزل دارم
Wo arbeiten Sie? *schomâ kodschâ kâr mîkonīd?*	شما کجا کار میکنید؟
Wo ist ein Schutzmann? *pāsbân kodschâ'st?* Statt *pāsbân* früher *āžân* آژان vom französ. „agent"	پاسبان کجاست؟
Schnell, holen Sie einen Schutzmann! *zūd, jäk pāsbân bíjārīd!*	زود یک پاسبان بیارید

Dieser Mann hat mich ohne Grund beschimpft.
în ādám be-dûn-e dschehắt be-män fohsch dādắ äst

این آدم بدونِ جهة بمن فحش داده است

Stellen Sie seine Personalien fest!
howijját-e û-rā mo'ajján konīd!

هویّتِ اورا معیّن کنید

Bitte legen Sie eine Akte an!
tamanná dārām, jäk parwandắ tanzîm konīd!

تمنّا دارم یک پرونده تنظیم کنید

Kommen Sie mit zur Polizei!
bíjājīd hämrâh-e män be-kalāntarî
kalāntarî = Polizeistation

بیائید همراهِ من بکلانتری

Ich habe eine Anzeige zu erstatten.
män mîchåhäm arz-hâlī bédārām

من میخواهم عرضحالی بدارم

Wohin habe ich mich zu wenden?
be-kodschâ bâjäd morā-dschä'ắ konäm?

بکجا باید مراجعه کنم؟

Ich bin bestohlen worden.
tschīz-hâ-je marā dozdîdắ änd

چیزهای مرا دزدیده اند

Bitte melden Sie mich bei Ihrem Vorgesetzten an!
tamannâ dārām, be-ra'îs-e chodetân ettelâ' dehīd ke män īndschâ hastäm!

تمنّا دارم برئیسِ خودتان اطلاع دهید که من اینجا هستم

Ich hatte keine Ahnung, daß dies verboten ist. *ettelâ' ná-dāschtäm ke în qadaghán äst*	اطلاع نداشتم که این قدغن است
Ich werde mich beim Deutschen Gesandten beschweren. *män be-wazîr-e mochtâr-e ālmân schekājắt chåhäm kard* *wazîr-e mochtâr* = bevollmächtigter Minister	من بوزیرِ مختارِ آلمان شکایت خواهم کرد
Wo ist hier eine Bank? *îndschā jäk bânk kodschâ-st?*	در اینجا یک بانک کجا است؟
Die Nationalbank in der Ferdousī-Straße. *bânk-e mellî dar chijābân-e Ferdousî*	بانکِ ملّی در خیابانِ فردوسی
Wann wird die Bank geschlossen? *bânk kéi bastắ chåhäd schod?*	بانک کی بسته خواهد شد؟
Ich habe einen Kreditbrief auf Ihre Bank. *jäk e'tebâr-nāmắ ohdắ-je bânk-e schomâ dārä̈m*	یک اعتبارنامه عهدهٔ بانکِ شما دارم
Was für Geld möchten Sie haben? *schomâ tsché pûlī mîchåhīd?*	شما چه پولی میخواهید؟
Ich möchte lieber kleine Scheine.	بیشتر اسکناسِ خورد میخواهم

bīschtár eskenâs-e chórd mîchåhäm

Wie steht der Umrechnungskurs? *nerch-e tas'îr tschíst?*	نرخِ تسعیر چیست ؟
Notieren Sie es! *ân-rā jād-dâscht konīd!*	آنرا یادداشت کنید
Ich habe mein ganzes Geld ausgegeben. *tamâm-e pûl-e chód-rā chardsch kardäm*	تمامِ پولِ خودرا خرج کردم
Ich habe Geld bei mir. *pûl häm-râh dāräm*	پول همراه دارم
Wo kann man am besten einkaufen? *kodschâ mîtawān behtár äz hämá charîd kard?*	کجا میتوان بهتر از همه خرید کرد؟
Heute ist Freitag, da ist der Basar zu. *émrūz dschom'á äst, bāzâr bastá äst*	امروز جمعه است بازار بسته است
Wo haben Sie denn das gekauft? *ân-rā äz kodschâ charīdá-īd?*	آنرا از کجا خریده اید؟
In einem Laden. *äz jäk dokkân*	از یك دكّان
Was wird in diesem Laden alles verkauft? *dar în dokkân tsché tschîz-hâ'ī forūchtá mîschäwäd?*	در این دکّان چه چیزهائی فروخته میشود؟

Was kostet das? *în tschắnd äst?*	این چند است ؟
Acht Rial! *häscht qarân* (obwohl die Währung auf *Riâl* lautet, hört man meist noch den alten Ausdruck *Qerân*, vulgär *qarân* ausgesprochen.)[1]	هشت قران
Zeigen Sie mir es bitte! *châhésch mîkonäm, be-män neschân bédehīd!*	خواهش میکنم بمن نشان بدهید
Ist das der äußerste Preis? *în ācherîn qeimát äst?*	این آخرین قیمت است ؟
Das ist mir viel zu teuer. *în berâje män chéilī gerân äst*	این برای من خیلی گران است
Haben Sie nichts Billigeres? *arzāntár tschîzī nắ-dārīd?*	ارزانتر چیزی ندارید ؟
Ich brauche ein Paar. *jäk dschóft lāzém dārām*	یك جفت لازم دارم
Welches ist besser? *kodâm behtár äst?*	کدام بهتر است ؟
Das dort ist besser. *ân jắkī behtár äst*	آن یکی بهتر است
Die Farbe gefällt mir nicht. *în rắng-rā nắ-mīpasändäm*	این رنگ‌را نمیپسندم
Kann ich das mal anprobieren?	میتوانم اینرا امتحان کنم ؟

[1]) Näheres über die persische Währung auf S. 230—31.

mîtawānäm în-rā emtehân konäm?

Können Sie es mir nicht billiger lassen? — نمیتوانید بمن ارزانتر بدهید؟

ná-mītawānīd be-mán arzāntár bédehīd?

Rabatt — تخفیف

tachfîf

Gut, ich nehme es. — خوب برمیدارمش

chûb, bármīdāräm-äsch

Bis wann bekomme ich es? — تا کی آنرا دریافت خواهم کرد؟

tā kéi ân-rā dárjāft châhäm kard?

Ich müßte es bis heute Abend haben. — بایستی آنرا تا امشب داشته باشم

bājéstī ân-rā tā émschäb dāschtá bāschäm

Ich schicke es Ihnen heute Abend. — امشب آنرا برای شما میفرستم

émschäb ân-rā berâje schomâ mîferestäm

Kann ich mich darauf verlassen? — میتوانم مطمئن باشم؟

mîtawānäm motma'én bāschäm?

Ich habe kein Geld bei mir. — پول پیشم نیست

pûl pîschäm nîst

Wo ist das Geld? — پول کجا است؟

pûl kodschâ-st?

Ich habe es. — پیشِ من است

pīsch-e mán äst („es ist vor mir")

Schicken Sie es mir ins Hotel Ferdousī, Zimmer 20. *ân-rā berâje män béferestīd be-mehmān-chānā́-je Ferdousî, otâq nomrā́-je bîst*	آنرا برای من بفرستید بمهمانخانهٔ فردوسی اطاق نمرهٔ ۲۰
Dieser Hut steht mir nicht. *în kolâh be-mā́n nā́-mījājäd*	این کلاه بمن نمیاید
Er ist zu eng. *zijâd tā́ng äst*	زیاد تنگ است
Ich möchte einen weichen Hut mit breitem Rand. *jäk kolâh-e nárm bā läbā́-je pähn mîchâhäm*	یک کلاهِ نرم با لبهٔ پهن میخواهم
Können Sie mir einen Schneider empfehlen? *mîtawānīd jäk chajjât be-mā́n moʿarrafî konīd?*	میتوانید یک خیّاط بمن معرّفی کنید؟
Bitte zeigen Sie mir Muster und Stoffe! *châhésch mîkonäm mastūrā́ wä pārtschā́ be-mā́n neschân bédehīd!*	خواهش میکنم مسطوره و پارچه بمن نشان بدهید
Können Sie mir einen Frack machen? *mîtawānīd berâje mā́n jäk lebâs-e frâk doróst konīd?*	میتوانید برای من یک لباسِ فراک درست کنید؟
Welchen Stoff halten Sie für besser? *kodâm pārtschā́-rā behtár mîdānīd?*	کدام پارچه‌را بهتر میدانید؟
Was kostet das Meter? *métrī tschänd qeimát dārād?*	متری چند قیمت دارد؟

Wieviel Meter brauche ich? *män tschänd mètr lāzém dāräm?*	من چند متر لازم دارم؟
Dieser Stoff ist zu dick. *īn pārtschấ zijâd kolóft äst*	این پارچه زیاد کلفت است
Bitte nehmen Sie Maß! *châhésch mīkonäm, andā-zấ bégīrīd!*	خواهش میکنم اندازه بگیرید
Der Anzug soll weit (eng) sein. *lebâs bâjestī goschâd (täng) bāschäd*	لباس بایستی گشاد [تنگ] باشد
Mit zweireihigen Knöpfen. *do taráf-e dokmấ*	دو طرفِ دکمه
Wann ich zur Anprobe kommen? *kéi mîtawānäm berâje em-tehân bíjājäm?*	کی میتوانم برای امتحان بیایم؟
Setzen Sie ein neues Futter ein! *āstár-rā nóu bekonīd!*	آستررا نو بکنید
Ich will es mal anziehen. *mîchâhäm bépūschäm-äsch*	میخواهم بپوشمش
Hier wirft er Falten. *îndschā tschîn mîchoräd*	اینجا چین میخورد
Blicken Sie einmal hinter sich! *poscht-e sár-etân-rā negâh konīd!*	پشتِ سرتان‌را نگاه کنید
Die Ärmel sind zu eng. *āstīn-hâ zijâd täng haständ*	آستینها زیاد تنگ هستند

Bis wann können Sie mir den Anzug machen? *tā kei mîtawānīd īn lebâs-rā berâje män tamâm konīd?*	تا کی میتوانید این لباسرا برای من تمام کنید؟
Das dauert mir zu lange. *în zijâd tûl mîkeschäd*	این زیاد طول میکشد
Er muß früher fertig werden. *bâjäd zūd-tár hāzér schäwäd.*	باید زودتر حاضر شود
Ich muß ihn unbedingt bis Samstag haben. *män bâjäd hatmấn ân-rā tā rûz-e schämbấ dāschtấ bāschäm*	من باید حتماً آنرا تا روزِ شنبه داشته باشم
Brauchen Sie keinen Mantel? *ājā pāletó lāzém nấ-dārīd?*	آیا پالتو لازم ندارید؟
Im Augenblick nicht. *fe'lấn chéir*	فعلاً خیر
Ich möchte eine Uhr kaufen. *mîchâhäm ják sā'át bécharam*	میخواهم یك ساعت بخرم
Was kostet dieser Teppich? *în qālî tschấnd äst?*	این قالی چند است؟
Er ist unverkäuflich. *māl-e forûsch nîst* *māl* = Besitz, Habe, Eigentum *forûsch* = Verkauf	مالِ فروش نیست
Dieser Teppich ist glatt und weich. *în qālî sâf wä nárm äst*	این قالی صاف و نرم است

Er ist sehr dick. *chéilī zachîm äst*	خیلی ضخیم است
Wie teuer kommt dieser Filzteppich? *în nämád-rā tschánd mî-forūschīd?*	این نمدرا چند میفروشید؟
Man muß erst den Preis des Teppichs festlegen. *qeimát-e qālî-rā awwál bâjäd téi kard*	قیمتِ قالیرا اوّل باید طی کرد
Diesen Teppich hatte ich vorher gekauft. *în qālî-rā qablán charīdá būdäm*	این قالیرا قبلاً خریده بودم
Er verlangt für jeden Teppich 200 bis 300 Tomân. *berāje har qālî dawîst elâ sīsád tomân mîchâhäd*	برای هر قالی دویست الا سیصد تومان میخواهد
Wer ist der Fabrikant dieses Schreibtisches? *sāzändá-je īn mîz-e tahrîr kîst?*	سازندهٔ این میزِ تحریر کیست؟
Rasieren Sie mich! *sūrát-e marā bétarāschīd!*	صورتِ مرا بتراشید
Seifen Sie gut ein! *doróst sābûn bézänīd!*	درست صابون بزنید
Das Rasiermesser kratzt. *tîgh mîcharāschäd*	تیغ میخراشد
Schneiden Sie mir die Haare! *sar-e marā eslâh konīd!* (,,bringen Sie meinen Kopf in Ordnung!")	سرِ مرا اصلاح کنید

Stutzen Sie es nur wenig! *faqát kámī bézänīd!*	فقط کمی بزنید
Mit der Maschine oder mit der Schere? *bā mäschîn jā bā qeitschî?*	با ماشین یا با قیچی
Das ist mir einerlei. *în berāje mán jäksân äst.*	این برای من یکسان است
Schneiden Sie es ganz kurz! *dorόst kūtâh bézänīd!*	درست کوتاه بزنید
Nur hinten kurz. *faqát ʿaqáb kūtâh*	فقط عقب کوتاه
So, daß man noch einen Scheitel machen kann. *be-tóurī-ke bétawân jäk farq bâz kard*	بطوری که بتوان یک فرق باز کرد
Sehen Sie sich im Spiegel an! *chodetân-rā dar ājiná negâh konīd!*	خودتان را در آینه نگاه کنید
Waschen Sie mir den Kopf! *sár-e marā béschūjīd!*	سرِ مرا بشوئید

7. Besuche

Wessen Haus ist dies? *în chāná-je kîst?*	این خانهٔ کیست
Wohnt hier Herr Dr. Esfandiari? *āqâ-je doktór Esfandijārî īndschâ mänzél dāräd?*	آقای دکتر اسفندیاری اینجا منزل دارد؟

In welchem Stockwerk? در کدام طبقه؟
dar kodâm tabaqắ?

Er ist umgezogen. تغییرِ مکان داده است
taghjîr-e makân dādắ äst
(„Veränderung des Aufenthaltes hat er gegeben")

So? عجب
'adscháb?

Ist Herr Dschalālī zuhause? آقای جلالی منزل تشریف دارند؟
Āqā-je Dschalālī mänzél taschrîf dārand?
taschrîf dāschtän = „Beehrung haben", höflich für: anwesend sein.

Er wollte ausgehen. او می‌خواست بیرون برود
û mîchåst bīrûn bérawäd

Er ist ausgegangen. رفته بیرون
raftắ bīrûn

Wissen Sie, wann er zurückkommen wird? میدانید کی مراجعت خواهد کرد؟
mîdānīd kéi morādscha'át chåhäd kard?
morādscha'át = Rückkunft

Genau kann ich es Ihnen nicht sagen. بطورِ قطع نمیتوانم بشما بگویم
be-tóur-e qát' nắ-mītawānäm be-schomâ bégūjäm

Können Sie mir sagen, wohin er gegangen ist? میتوانید ببنده بگوئید که کجا رفته است؟
mîtawānīd be-bändắ bégūjīd ke kodschâ raftắ äst?

Nein, er sagte nichts beim Weggehen. *chéir, hangâm-e raftän hárfī nấ-zäd* *harf zädän* = sagen, sprechen	خیر هنگام رفتن حرفی نزد
In diesem Falle werde ich ohne ihn gehen. *dar în-sūrát be-dûn-e ū chåhäm raft* *sūrát* = Gesicht; Fall; Liste	در این صورت بدون او خواهم رفت
Sagen Sie ihm auf alle Fälle, er soll vor dem Abendbrot kommen. *be hár hāl bégūjīd pîsch äz schâm bíjājäd*	بهر حال بگوئید پیش از شام بیاید
Wann ist hier Besuchszeit? *dar īndschâ tsché wacht mouqé'-e dīd wä bāzdîd äst?*	در اینجا چه وقت موقع دید و بازدید است ؟
Meistens kommt er früh nach Hause. *ghālebấn zūd be-chānấ mîjājäd*	غالباً زود بخانه میاید
Wann ist der Herr A'lam daheim? *āqâ-je A'lam tsché wacht mänzél äst?*	آقای اعلم چه وقت منزل است ؟
Wann kann ich ihn bestimmt antreffen? *tsché wacht hatmấn mänzél haständ ke chedmätetân bérasam?*	چه وقت حتماً منزل هستند که خدمتتان برسم ؟

Wann kann ich ihn sprechen?
tsché wacht mîtawānäm û-rā molāqât konäm?
چه وقت میتوانم اورا ملاقات کنم؟

Hier ist meine Karte.
în kârt-e mắn äst
این کارتِ من است

Mein Name ist ...
ésm-e män .... äst
اسمِ من .... است

Ich werde heute nachmittag noch einmal vorbeikommen.
émrūz ba'd äz zóhr do-bārắ chåhäm âmäd
امروز بعد از ظهر دوباره خواهم آمد

Bitte sagen Sie Herrn Dschāwīd, daß ich hier gewesen bin.
chåhésch mîkonäm be-āqâ-je Dschāwîd bégūjīd ke īndschâ āmädắ būdäm
خواهش میکنم به آقای جاوید بگوئید که اینجا آمده بودم

Gehen Sie bitte hinauf!
bī zahmát, taschrîf bé-barīd bālâ!
taschrîf bordän (bar) =, ‚Beehrung forttragen' = höfliche Ausdrucksweise für „gehen".
بی زحمت تشریف ببرید بالا

Guten Tag!
salâm 'aléikom!
سلام علیکم

Wie geht es Ihnen?
ahwâl-e schomâ tsché-tour äst?
احوالِ شما چطور است؟

Wie geht's?
tsché-tour hastīd?
چطور هستید؟

Es geht mir sehr gut. *hâl-äm besijâr chósch äst* (,,Mein Zustand ist sehr schön.“)	حالم بسیار خوش است
Ich danke Ihnen sehr, es geht mir gut. *lotf-e schomâ zijâd, āqâ, hâl-e bändắ chéilī chûb äst*	لطف شما زیاد آقا حالِ بنده خیلی خوب است
Hoffentlich geht es Ihnen gut? *enschâ'allāh salāmát-īd?* (,,So Allah will sind Sie in Wohlbefinden?“)	انشاالله سلامتید؟
Sie sind ganz allein gekommen? *schomâ kāmelắn tänhâ âmädắ īd?*	شما کاملاً تنها آمده اید؟
Entschuldigen Sie mein Zuspätkommen! *chåhésch mîkonäm dîr âmädän-e bändắ-rā ma'zûr bédārīd!*	خواهش میکنم دیر آمدنِ بنده‌را معذور بدارید
Ich wollte Sie gestern besuchen. *mîchåstäm dîrūz chedmát-e schomâ bérasäm* (,Ich wollte gestern zu Ihren Diensten gelangen‘)	میخواستم دیروز خدمتِ شما برسم
Ich konnte nicht früher kommen. *män nắ-mītawānestäm zūd-tár bíjājäm*	من نمیتوانستم زودتر بیایم

Warum kommen Sie so spät?
tschérā în qadr dîr taschrîf mîāwarīd?
چرا اینقدر دیر تشریف میاورید؟

Ich hatte zu tun.
kâr dāschtäm
کار داشتم

Ich mußte eine halbe Stunde auf eine Droschke warten.
nīm sāʿát moʿattál-e doroschká schodäm
نیم ساعت معطّلِ درشکه شدم

Warum waren Sie gestern nicht da?
dîrūz berâje tsché ghājéb būdīd?
ghājéb = abwesend
دیروز برای چه غایب بودید

Sie sind doch hoffentlich nicht krank?
magár chodāj ná-chåstä marîz hastīd?
مگرخدای نخواسته مریض هستید؟

Ich hatte mich etwas erkältet.
män qádrī sarmâ chordá būdäm
من قدری سرما خورده بودم

Wie gehen die Geschäfte?
kār o bâr tsché-tour äst?
کار و بار چطور است؟

Entschuldigen Sie, mein Herr, ich bin gekommen, Ihnen eine Bitte vorzutragen.
bébachschīd, āqā, âmädá äm äz schomâ chåhéschī bénämājäm
ببخشید آقا آمده ام از شما خواهشی بنمایم

Aber bitte sehr, nehmen Sie Platz und erzählen Sie mir Ihr Anliegen!
besijâr chósch āmädīd, béfarmājīd wä farmājésch-e chodetân-rā be-mán bégūjīd!
chósch āmädīd = Sie sind willkommen; *béfarmājīd* = ‚geruhen Sie!‘, mit entsprechender Geste = nehmen Sie Platz!

بسیار خوش آمدید بفرمائید و فرمایشِ خودتان‌را بمن بگوئید

Wollen Sie, daß ich offen spreche?
méil dārīd āschkārâ harf bézänäm?

میل دارید اشکارا حرف بزنم؟

Ich bedaure sehr, Ihnen sagen zu müssen ...
män chéilī mota'asséf hastäm äz în-ke madschbûrām bégūjäm ...
madschbûr = gezwungen

من خیلی متأسّف هستم از این که مجبورم بگویم

Es ist mir nicht möglich.
berâje män emkân nádäräd
emkân = Möglichkeit

برای من امکان ندارد

Na schön, entschuldigen Sie mich für die Umstände, die ich Ihnen gemacht habe.
besijâr chûb, äz zahmátī ke be-schomâ dādá äm, ma'zarát mîchâhäm

بسیار خوب از زحمتی که بشما داده ام معذرت میخواهم

zahmat = Mühewaltung; *ma'zarat* = Entschuldigung

Das hat nichts zu sagen. — طوری نشد [چیزی نیست]
tóurī nắschod [oder: *tschî-zī nîst*]

So ist es eben. — این طور است دیگر
în-tour-ä dīgắ (Volksaussprache)

Ein ander Mal paßt es besser. — دفعهٔ دیگر بهتر است
daf'ắ-e dīgắr behtár äst

Wie geht es Ihnen, gnädige Frau? — حالِ سرکارِ علیه چطور است ؟
hâl-e sarkâr-e 'alijjắ tsché-tour äst?
sarkâr = Hochwohlgeboren; *sarkâr-e 'alijjắ* = gnädige Frau

Vielen Dank, ganz gut, und wie geht es Ihnen? — لطفِ زیاد حالم خوبست شما چطور هستید ؟
lotf-e zijâd, hâl-äm chûb-äst, schomâ tsché-tour hastīd?

Danke sehr, es geht mir gottlob gleichfalls gut. — مرحمتِ شما زیاد منهم الحمدلله مثلِ شما حالم خوبست
marhamát-e schomâ zijâd, män-hắm al-hámdo-léllāh mesl-e schomâ hâl-äm chûb-äst

Ich freue mich sehr, Sie zu sehen. — خیلی از دیدنِ شما خوشوقتم

chéilī äz dīdän-e schomâ chosch-wácht-äm

Wann kamen Sie?

چه وقت آمدید؟

tsché-wacht âmädīd?

Ich habe Sie sehr vermißt.

از دوریٔ شما تأسّف خوردم

äz dūrî-je schomâ ta'assóf chordäm

dūrî = ‚Fernesein'

ta'assof = das Bedauern

Im Spaß oder im Ernst?

بشوخی یا بجدّی؟

be-schūchî jā be-dscheddî?

Es war sehr gütig und lieb von Ihnen, an mich gedacht zu haben.

این از مرحمت و لطفِ شما است که مرا بخاطر داشته اید

în äz marhamát wä lotf-e schomâ-st ke marā be-chātér dāschtắ īd

Ich danke Ihnen, gnädige Frau!

متشکّرم خانم

motaschakkér-äm, chānóm!

Es ist lange her, daß ich nicht die Ehre hatte, Sie zu sehen.

مدّتِ مدیدی است که خدمتِ شما نرسیده ام

moddát-e madîdī-st ke chedmát-e schomâ nắ-rasīdắ äm

Mit wem habe ich die Ehre zu sprechen?

ببخشید جنابعالی‌را بجا نمیاورم

bébachschīd, dschänâb-e ālî-rā be-dschâ nắ-mijāwaräm

(„Entschuldigen Sie, ich [kann] Eure Exzellenz nicht unterbringen")

Ich bin sehr erfreut, Ihre Bekanntschaft zu machen. *chéilī masrûr-äm ke bā schomâ āschnâ schodäm*	خیلی مسرورم که با شما آشنا شدم
Bitte, setzen Sie sich! *béfarmājīd béneschīnīd!*	بفرمائید بنشینید
Setzen Sie sich hierhin! *în-dschā béfarmājīd!*	اینجا بفرمائید
Was darf ich Ihnen geben? *tsché méil dārīd?*	چه میل دارید؟
Möchten Sie gerne Tee haben? *schomâ tschâj méil dārīd?*	شما چای میل دارید؟
Rauchen Sie? *schomâ sīgār mîkeschīd?*	شما سیگار میکشید؟
Darf ich Ihnen eine Zigarette anbieten? *edschāzá dāräm be-schomâ jäk sīgâr ta'ārôf konäm?*	اجازه دارم بشما یک سیگار تعارف کنم؟
Danke, ich rauche sehr wenig. *taschakkór mīkonäm, män chéilī käm sīgâr mîkeschäm*	تشکّر میکنم من خیلی کم سیگار میکشم
Wie Sie mögen. *hár-tour méil dārīd*	هرطور میل دارید
Machen Sie keine Umstände! *ta'ārôf ná-konīd, āqâ!*	تعارف نکنید آقا

Erlauben Sie, daß ich mir eine Zigarette anstecke? *edschāzā́ mîdehīd, män jäk sīgâr ātésch bézänäm?*	اجازه میدهید من یک سیگار آتش بزنم؟
Es tut mir sehr leid, aber ich kann den Rauch nicht vertragen. *mota'assefānā́ nā́-mītawānäm dûd-rā tahammól konäm*	متأسّفانه نمیتوانم دودرا تحمّل کنم
Ich muß Ihnen mal etwas sagen. *män bâjäd be-schomâ jäk tschîzī bé-gūjäm*	من باید بشما یك چیزی بگویم
Sie haben auf meinen Brief noch nicht geantwortet. *schomâ hänûz be-kāghā́z-e män dschawâbī nā́-dādā́ īd*	شما هنوز بکاغذِ من جوابی نداده اید
Wer hat diesen Brief geschrieben? *kí în morāsälā́-rā nä-weschtā́ äst?*	که این مراسله‌را نوشته است؟
Was wollen Sie sagen? *tsché mîchâhīd bégūjīd?*	چه میخواهید بگوئید؟
Wissen Sie, wer dieses Mädchen ist? *ājâ schomâ mîdānīd, ân dochtár kîst?*	آیا شما میدانید آن دختر کیست؟
Ja, ich kenne sie sehr gut. *bále, män û-rā be-chūbî mîschenāsäm*	بله من اورا بخوبی میشناسم

Ich bin mit ihr bekannt. *män bā û āschnâ hastäm*	من با او آشنا هستم
Wie heißt sie? *ésm-e û tschîst?*	اسمِ او چیست؟
Ist es Ihnen möglich, mich ihr vorzustellen? *berâje schomâ momkén äst, marā be-û mo'arrafî ko-nīd?*	برای شما ممکن است مرا باو معرّفی کنید؟
Gewiß! *albattá!*	البتّه
Ist sie verheiratet? *ājā û schouhár dâräd?* *schouhár* = Gatte	آیا او شوهر دارد؟
Sie soll noch in diesem Monat Hochzeit feiern. *qarâr äst ke û dar 'arz-e în māh 'arūsî konäd* *qarâr* = Bestimmung, Beschluß; *'arz* = Breite; Verlauf, Dauer; *'arūsî* = Hochzeit	قرار است که او در عرضِ این ماه عروسی کند
Wo ist ihr Gatte? *schouhár-e û kodschâ-st?*	شوهرِ او کجا است؟
Er trifft in dieser Woche ein. *û dar în haftá wāréd châ-häd schod*	او در این هفته وارد خواهد شد
Nie wieder findet sich eine solche Gelegenheit. *dīgár har-géz hámtscho for-sátī be-dást ná-mījoftäd*	دیگر هرگز همچو فرصتی بدست نمیافتد

Wozu soll ich danach fragen? *tsché kār dārām béporsām?*	چه کار دارم بپرسم؟
Ich habe Sie sehr lieb. *schomâ-rā besijâr dûst dārām*	شمارا بسیار دوست دارم
Haben Sie meinen Freund getroffen? *dûst-e marā molāqât kardắ īd?*	دوستِ مرا ملاقات کرده اید؟
Nein, ich habe ihn nicht getroffen. *chéir, män û-rā molāqât nắ-kardằ äm*	خیر من اورا ملاقات نکرده ام
Er kam beizeiten. *be-mouqé' âmäd*	بموقع آمد
Ich vergaß, es Ihnen zu sagen. *farāmûsch kardäm ke ân-rā be-schomâ bégūjäm*	فراموش کردم که آنرا بشما بگویم
Wenn ich ihn sehe, werde ich es ihm sagen. *agár īschân-rā bébīnäm, bé-īschân chåhäm goft* (In der höflichen Sprache gebraucht man für „er" die Mehrzahl ایشان *īschân.*)	اگر ایشانرا ببینم بایشان خواهم گفت
Was sagen Sie dazu? *dar īn chosûs tsché mîgū-jīd?*	در این خصوص چه میگوئید؟
Das war mir nicht klar gewesen. *în-rā hālî nắ-schodäm*	این را حالی نشدم

Das will ich Ihnen klar machen. *mîchâhäm în-rā be-schomâ touzîh bédehäm*	میخواهم اینرا بشما توضیح بدهم
Hören Sie mir zu! *be-mấn gûsch bédehīd*	بمن گوش بدهید
Wer hat Ihnen das gesagt? *kí în-rā be-schomâ goft?*	که اینرا بشما گفت؟
Davon glaube ich kein Wort. *jäk kalemấ-äsch-rā bā-wár nấ-mīkonäm*	یك کلمه‌اش‌را باور نمیکنم
Was hat er noch gesagt? *dīgấr tsché harf zädấ äst?*	دیگر چه حرف زده است؟
Was weiß ich? *tsche mīdānäm?*	چه میدانم؟
Er hat noch viel gesagt. *hárf-e dīgấr chéilī zäd*	حرفِ دیگر خیلی زد
Er liest sehr gerne Romane. *û românchândấn-rā chéilī dûst dārād*	او رمان خواندن‌را خیلی دوست دارد
Das stimmt. *sahîh äst*	صحیح است
Meiner Meinung nach ... *be-nazáräm*	بنظرم
Es scheint mir, daß ... *be-nazáräm mîrasad ke* (‚es gelangt in mein Blickfeld')	بنظرم میرسد که
Ich habe Sie nicht verstanden. *harf-e schomâ-rā nấ-fahmīdȁ äm*	حرفِ شمارا نفهمیده ام

Jetzt fällt es mir ein. *hālâ chātér-äm míjājäd*	حالا خاطرم میاید
Ich erinnere mich sehr gut. *besijâr chûb jâd-äm äst*	بسیار خوب یادم است
Genau kann ich mich nicht besinnen. *doróst chātér-äm nîst*	درست خاطرم نیست
Wenn es Sie nicht belästigt, möchte ich Ihnen sagen, daß ... *agár zahmát nắ-bāschäd ʻárz konäm ke ...* *zahmát* = Mühe *ʻarz* = Unterbreitung	اگر زحمت نباشد عرض کنم که ..
Denken Sie das wirklich? *schomâ în-tour tasawwór mīkonīd?*	شما اینطور تصوّر میکنید
Warum geben Sie mir keine Antwort? *tschérā dschawâb-äm nắ-mīdehīd?*	چرا جوابم نمیدهید
Sie haben richtig verstanden. *doróst moltafét schodīd*	درست ملتفت شدید
Ich bin Ihrer Meinung. *män häm bā schomâ häm-ʻaqīdắ äm*	من هم با شما هم عقیده ام
Sie haben recht. *haqq bā schomâ'st*	حقّ با شما است
Lassen Sie mich in Ruhe! *rāhát-äm bógzārīd!*	راحتم بگذارید

Ich habe eben zu tun.
kâr dást-äm äst

کار دستم است

Was ist denn bloß geschehen, daß Sie in so übler Laune sind?
magár tsché schodắ äst ke ouqât-e schomâ în-qadr talch schodắ ast? (.. „daß Ihre Zeiten so bitter geworden sind?“)

مگر چه شده است که اوقاتِ شما اینقدر تلخ شده است؟

Was geht Sie das an?
în be-schomâ tsché marbût äst?
(*marbût* = angehend, betreffend)

این بشما چه مربوط است؟

Ich bin verärgert.
ouqât-äm tálch äst
(„meine Zeiten sind bitter“)

اوقاتم تلخ است

Was ist Ihnen denn bloß passiert?
magár berâje schomâ tsché ettefâqī róch dādắ äst?
(*ettefâq* = Vorfall, Zufall; *roch dādän* = zutage treten, passieren)

مگر برای شما چه اتّفاقی رخ داده است؟

Was schadet es?
tsché ʿeib dārād?

چه عیب دارد؟

Wegen jedes leeren Wortes regen Sie sich auf!
be-hár harf-e bī maʿnî äz dschâ dár-mīrawīd

بهر حرفِ بی معنی از جا درمیروید

(*bī ma'nî* = ohne Bedeutung)

Was reden Sie da? — این چه حرفی است میزنید؟
în tsché hárfī'st mîzänīd?

Machen Sie keinen Krach! — شلوق نکنید آقا
scholûq nákonīd, Āqā!

Ich habe eine Bitte an Sie. — استدعائی از شما دارم
ested'â'ī äz schomâ dārām

Es ist ganz leicht. — خیلی آسان است
chéilī āsân äst

Das ist sehr schwierig. — خیلی مشکل [سخت] است
chéilī moschkél (oder: *sacht) äst*

Was soll ich da machen? — چه بکنم دیگر؟
tsché békonäm dīgár?

Gedulden Sie sich ein wenig! — یک کمی صبر بفرمائید
jäk kámī sabr béfarmājīd!

Es handelt sich um eine dringliche Sache. — کارِ فوری است
kâr-e fourî'st

Ich bitte Sie herzlich! — شمارا بخدا
schomâ-rā be-chodâ!
be-chodâ = bei Gott!

Was werden Sie morgen tun? — فردا چه کار خواهید کرد؟
fardâ tsché-kār châhīd kard?

Beehren Sie mich mit Ihrem Besuch! — از آمدن خودتان سرافرازم نمائید
äz âmädän-e chodetân sar-afrâz-äm nämājīd!
sar-afrâz namûdän =

,kopf-erhöht machen', ehren.

Ich möchte Sie nicht bemühen! *asbâb-e zahmát-e schomâ ná-bāschäd!* *asbâb* = Ursache, Grund *zahmat* = Bemühung, Belästigung	اسبابِ زحمتِ شما نباشد
Sie sind sehr gütig zu mir. *nesbắt be-bändắ chéilī marhamát dārīd* (*nesbắt be* = mit Bezug auf)	نسبت بنده خیلی مرحمت دارید
Ich würde sehr gerne annehmen, aber ... *bā kamâl-e mennắt qabūl mîkardäm, lîkän ...*	با کمالِ منّت قبول میکردم لیکن
Erweisen Sie mir einen Gefallen! *jäk marhamátī béfarmājīd!*	یك مرحمتی بفرمائید
Kann ich Ihnen in irgendeiner Sache nützlich sein? *mîtawānäm dar ámrī be-schomâ komäk nämājäm?* (*komäk* = Hilfe)	میتوانم در امری بشما کمك نمایم؟
Das ist das Beste, was sich tun läßt. *în behtarîn kârī-st ke mîtawān kard*	این بهترین کاری است که میتوان کرد
Sie haben sich sehr bemüht. *chéilī zahmát keschīdīd*	خیلی زحمت کشیدید

Lassen Sie mich einmal Ihr Buch sehen! *bógzārīd ketâb-e schomâ-rā bébīnäm*	بگذارید کتابِ شمارا ببینم
Wie Sie wollen. *har tóurī-ke méil-e schomâ-st*	هر طوریکه میلِ شما است
Haben Sie das Buch bei sich? *ketâb· pählû-je schomâ-st?*	کتاب پهلوی شما است؟
Wieviele Bücher haben Sie? *schomâ tschänd tā ketâb dārīd?*	شما چند تا کتاب دارید؟
Könnten Sie bitte ...? *mîtawānestīd, lotfán, ...*	میتوانستید لطفاً؟
Mit Freuden. *bā kamâl-e masarrát*	با کمالِ مسرّت
Dem steht nichts im Wege. *mūné'ī ná-dārä́d* (‚ein Hindernis hat es nicht')	مانعی ندارد
Ich stehe ganz zu Ihren Diensten. *kāmelán dar chedmát-e schomâ hastäm*	کاملاً در خدمتِ شما هستم
Ich bitte Sie um Verzeihung. *äz schomâ tamannâ-je bachschésch dāräm*	از شما تمنّای بخشش دارم
Sie sind beschäftigt. *maschghûl hastîd*	مشغول هستید
Das schadet nichts. *în 'éibī ná-dārä́d*	این عیبی ندارد

Sie sind sehr gütig.
schomâ besijâr mehrbân hastīd
شما بسیار مهربان هستید

Gestern kam ich, aber Sie waren nicht da.
dīrûz âmädäm, ámmā schomâ ná-būdīd
دیروز آمدم امّا شما نبودید

Waren Sie gestern daheim?
dîrūz mänzél būdîd?
mänzél = Wohnung
دیروز منزل بودید؟

Gibt es etwas Neues?
chabár-e tāzá-î häst?
(„eine frische Nachricht gibt es?")
خبرِ تازه‌ای هست؟

Es gibt nichts Neues.
hîtsch tāzá-ī nîst
هیچ تازه‌ای نیست

Wissen Sie etwas Neues?
tschīz-e tāzá-ī mîdānīd?
چیزِ تازه‌ای میدانید؟

Ich habe keine Neuigkeiten.
hîtsch chabár-e tāzá-ī ná--dāräm.
هیچ خبرِ تازۀ ندارم

Nachher wollen wir einen kleinen Spaziergang machen.
ba'd mîchâhīm kámī gardésch konīm
بعد میخواهیم کمی گردش کنیم

Gehen wir in den Garten!
bérawīm be-bâgh!
برویم بباغ

Sehen Sie, wie die Bäume blühen!
ببینید چگونه درختان گل میدهند

bébīnīd tschégūnà derach-tân gól mîdehänd! *gol* = Blume, Blüte	
Ist Ihr Haus weit von hier? *chānā́-je schomâ äz înd-schā dûr äst?*	خانهٔ شما از اینجا دور است ؟
Es ist nahe. *näzdîk äst*	نزدیك است
Es ist nicht weit. *dûr nîst*	دور نیست
Kennen Sie Herrn Sahbā? *Āqā-je Sahbâ-rā mîsche-nāsīd?*	آقای صهبارا میشناسید ؟
Ich kenne ihn vom Sehen (dem Namen nach). *sūrátän û-rā mîschenāsäm (ésmän û-rā mîschenāsäm)*	صورتاً اورا میشناسم [اسماً اورا میشناسم]
Wie geht es ihm? *hâl-e û tsché-tour äst?*	حالِ او چطور است ؟
Es geht ihm gut. *hâl-äsch chûb äst*	حالش خوب است
Sind Sie mit diesem Mann bekannt? *bā în mard āschnā'î dārīd?* *āschnā'î* = Bekanntschaft	با این مرد آشنائی دارید ؟
Was sagte er? *û tsché mîgoft?*	او چه میگفت ؟
Ich ärgerte mich über ihn. *ouqât-äm äz dast-e û talch schod*	اوقاتم از دستِ او تلخ شد

Er hielt mich davon ab, ins Kino zu gehen.

او از رفتنِ من بسینما ممانعت کرد

û äz raftán-e mắn be-sīnemâ momānaʿát kard

momānaʿát = Behinderung

Er hat mich zwei Stunden warten lassen.

دو ساعت مرا معطّل کرد

do sāʿát marā moʿattál kard

Grüßen Sie ihn von mir!

از طرفِ من اورا سلام برسانید

äz taráf-e män û-rā salâm bérasānīd!

rasānîdän = Kausativ von *rasîdän* = gelangen lassen.

Ich habe es ihm gesagt.

من اینرا باو گفتم

män în-rā be-û goftäm

Danke!

متشکّرم

motaschakkér-äm

Ich danke Ihnen.

از شما تشکّر میکنم

äz schomâ taschakkór mīkonäm

Ich bin Ihnen sehr verbunden.

خیلی از شما ممنون هستم

chéilī äz schomâ mamnûn hastäm

Ich danke Ihnen sehr!

خیلی ممنون و متشکّر هستم

chéilī mamnûn wä motaschakkér hastäm

mamnûn = befriedigt, dankbar;

motaschakkér = dankbar.

Auf Ihr Wohl! *be-salāmätî-je schomâ!*	بسلامتیٔ شما
Es ist sehr spät geworden. *chéilī dîr schodá äst*	خیلی دیر شده است
Gestatten Sie, daß ich aufbreche. *edschāzá béfarmūjīd äz chedmát-e schomâ morachchás schäwäm!* (‚Geruhen Sie die Genehmigung, daß ich aus dem Dienst beurlaubt werde‘)	اجازه بفرمائید از خدمت شما مرخّص شوم
Ich muß mich von Ihnen verabschieden. *bājäd äz chedmát-e schomâ morachchás schawam*	باید از خدمت شما مرخّص شوم
Das ist sehr schade. *în chéilī héif äst*	این خیلی حیف است
So rasch wollen Sie schon gehen? *be-în zūdî. mîchâhīd taschrîf bébarīd?*	باین زودی میخواهید تشریف ببرید؟
Ich bedaure sehr, daß ich nicht länger bei Ihnen sein kann. *chéilī mota'asséf hastäm ke bîsch äz în ná-mītawānäm dar chedmát-e schomâ bāschäm*	خیلی متأسّف هستم که بیش از این نمیتوانم در خدمتِ شما باشم
Ich empfehle mich! *marhamát-e 'ālî zijâd!* (Höflichkeitsphrase,	مرحمتِ عالی زیاد

wörtlich: ‚die erhabene Gnade möge zunehmen!‘)

Ich gehe heim. *män mîrawam mänzél*	من میروم منزل
Ich habe dringlich zu tun. *kār-e chéilī fourî dārām* („Eine sehr dringliche Arbeit habe ich“.)	کارِ خیلی فوری دارم
Gestatten Sie gütigst, daß ich mich verabschiede. *edschāzắ marhamát farmājīd ke morachchás schäwäm*	اجازه مرحمت فرمائید که مرخّص شوم
Warum wollen Sie so früh weggehen? *tschérā mîchâhīd be-în zūdî bérawīd?*	چرا میخواهید باین زودی بروید؟
Ich hoffe, daß wir uns morgen wiedersehen werden. *omīd-wâr-äm ke fardâ jäk-dīgắr-rā molāqât konīm*	امیدوارم که فردا یکدیگررا ملاقات کنیم
Ein anderes Mal werde ich länger bleiben. *daf'ắ-je dīgắr bīschtár chåhäm mānd*	دفعهٔ دیگر بیشتر خواهم ماند
Sie haben sich sehr bemüht! *chéilī zahmát keschīdīd!*	خیلی زحمت کشیدید
Möge Ihr Schatten nicht abnehmen! *sājắ-je schomâ kắm nắ-schäwäd!*	سایهٔ شما کم نشود

Dann auf Wiedersehen!
päs chodâ hāfez!
(„Dann sei Gott Ihr Beschützer!“)
پس خدا حافظ

Danke sehr! Alles Gute!
marhamát-e schomâ zijâd!
Eigentlich: „Ihre Güte mehre sich!“, als Ausdruck sowohl des Dankes als der Verabschiedung oft gebraucht.
مرحمتِ شما زیاد

Für diesmal auf Wiedersehen!
fe'lán chodâ hāféz!
فعلاً خدا حافظ

Ich bin schläfrig.
châb-äm mîgīräd
خوابم میگیرد

Gute Nacht!
schấb-e schomâ be-chéir!
شبِ شما بخیر

8. Krankheit

Ich fühle mich nicht wohl.
män hâl nấ-dāräm
hâl = Zustand
من حال ندارم

Lassen Sie einen Arzt kommen!
châhésch mîkonäm, pej-e tabîb béferestīd!
خواهش میکنم پیِ طبیب بفرستید

Was ist mit Ihnen? [*wäd?*
schomâ-rā tsché mīschä-
شمارا چه میشود؟

Ich weiß es nicht. *ná-mīdānäm* [*tsché ʿárz konäm?* = „was soll ich sagen?" (‚unterbreiten?')]	نمیدانم [چه عرض کنم؟]
Ich bitte Sie, lassen Sie mich in Ruhe! *chāhésch mîkonäm, marā rāhát bógzārīd*	خواهش میکنم مرا راحت بگذارید
Ich habe nach Ihnen geschickt. *ʿaqáb-e schomâ ferestâdäm* *ʿaqab* = hinter her	عقبِ شما فرستادم
Es geht mir nicht besonders. *hâl-äm chūb nîst*	حالم خوب نیست
Ich fühle mich etwas unpäßlich *qádrī käsél hastäm*	قدری کسل هستم
Seit zwei Tagen kann ich nichts essen. *do rūz äst ke ná-mītawānäm tschîzī béchoräm*	دو روز است که نمیتوانم چیزی بخورم
Ich habe einen schweren Kopf. *sár-äm sängîn äst*	سرم سنگین است
Seit wann sind Sie krank? *tschánd wacht nā-chósch-īd?*	چند وقت ناخوشید؟
Wie hat es angefangen? *moqaddamá-äsch tsché būdá äst?*	مقدّمه‌اش چه بوده است؟

Ich habe stark geschwitzt. *'aráq-e zijâdī kardäm*	عرقِ زیادی کردم
Mit der Zeit ist mir richtig schlecht geworden. *raftắ raftắ hālắt-äm bắd schodä äst*	رفته رفته حالتم بد شده است
Ich habe das Rauchen seit langem aufgegeben. *moddátī-st ke este'mâl-e dochānijât-rā mouqûf kardắ äm*	مدّتی است که استعمالِ دخانیات را موقوف کرده ام
Daran haben Sie wohl getan. *chûb kardắ-īd*	خوب کرده اید
Der Leib tut mir weh. *dard-e schekắm dārām*	دردِ شکم دارم
Sie müssen einen Einlauf machen. *lāzém äst tanfijắ békonīd.*	لازم است تنفیه بکنید
Abführmittel. *mos-hél*	مسهل
Ich habe Kopfschmerzen. *sar-dard dārām*	سردرد دارم
Zeigen Sie Ihre Zunge! *zäbân-etân-rā neschân bédehīd!*	زبانتان را نشان بدهید
Ihre Zunge ist etwas belegt. *zäbân-e schomâ qádrī bâr dārād*	زبانِ شما قدری بار دارد
Geben Sie mir Ihre Hand, damit ich Ihren Puls fühle.	دستِ خودرا بمن بدهید که نبضِ شمارا ببینم

dast-e chód-rā be-mấn bé-dehīd ke nabz-e schomâ-rā bébīnäm

Sie haben Fieber. — تب دارید

táb dārīd

Gegenwärtig bin ich stark erkältet. — فعلاً بشدّت سرما خورده ام

fe'lấn be-scheddất sarmâ chordấ äm

Ich habe Halsschmerzen. — گلویم درد میکند

golû-jäm dárd mīkonäd

Ich huste ständig. — دایماً سرفه میکنم

dājemấn sorfấ mīkonäm

Ich quäle mich beim Atmen. — هنگام نفس کشیدن اذیت میکشم

hängâm-e nafás keschīdấn azijät mîkeschäm

Der Husten hindert mich am Schlafen. — سرفه بمیگذارد بخوابم

sorfấ nấ-mīgozārād béchåb-äm

Ich gebe Ihnen jetzt ein Rezept. — حالا بشما یک نسخه میدهم

ħālâ be-schomâ jäk nos-chấ mîdehäm

Sie müssen diese Pillen nehmen. — باید این حبّهارا بخورید

bâjäd în habb-hâ-rā bé-chorīd.

Chinin wird Sie von Ihrer Malaria heilen. — گنه گنه شمارا از تب ونوبه شفا میدهد

genä-genấ schomâ-rā äz täb-o-noubấ schefâ mîdehäd

täb-o-noubấ = Fieber und Wechselfieber; *schefâ* = Heilung, Genesung

Decken Sie sich gut zu!
chód-rā chūb bépūschānīd!

خودرا خوب بپوشانید

Achten Sie auf sich selbst!
äz chodetân mowāzäbät nämājīd!

از خودتان مواظبت نمائید

Muß ich sonst noch etwas tun?
kâr-e dīgấrī häm bâjäd békonäm?

کارِ دیگری هم باید بکنم؟

Nein, nur müssen Sie sich bemühen, sich warm zu halten.
chéir, kūschésch-etân dar ân bâschäd ke chód-rā garm negâh dārīd

خیر کوششتان در آن باشد که
خودرا گرم نگاه دارید

Passen Sie gut auf, daß Sie sich nicht erkälten.
sá'j konīd ke chód-rā sarmâ nấ-dehīd

سعی کنید که خودرا سرما ندهید

Ich hoffe, daß es nichts auf sich hat.
omīdwâr-äm ke tschîz-e mohémmī nấ-bāschäd (*mohémm* = wichtig)

امیدوارم که چیزِ مهمّی نباشد

Hüten Sie noch das Zimmer!
bāz häm dar otâq bé-mānīd!

باز هم در اطاق بمانید

Haben Sie gut geschlafen?
schomâ chūb châbîdīd?

شما خوب خوابیدید؟

Haben Sie die Nacht gut verbracht?
schấb-rā chûb be-sár bordīd?

شب‌را خوب بسر بردید؟

Ich denke, Sie sind müde.
tasawwór mîkonäm, ke schomâ chastấ bâschīd

تصوّر میکنم که شما خسته باشید

Vielen Dank, ich bin nicht müde.
lotf-e schomâ zijâd, män chastấ nîstäm

لطفِ شما زیاد من خسته نیستم

Wann sind Sie heute früh aufgestanden?
émrūz sobh tsché-wacht bolấnd schodīd?
bolấnd = hoch;
b.schodän = aufstehen

امروز صبح چه وقت بلند شدید؟

Hoffentlich geht es Ihnen wieder besser.
omīdwâr-äm ke hâl-etân behtár schodấ äst

امیدوارم که حالتان بهتر شده است

Diese Krankheit hat mich sehr geschwächt.
īn maráz márā chéilī za'īf kard

این مرض مرا خیلی ضعیف کرد

Alle Glieder tun mir noch weh.
hänûz tamâm-e a'zâ-jäm dárd mîkonäd

هنوز تمامِ اعضایم درد میکند

Das Fieber hat sehr nachgelassen.
täb besijâr tachfîf jāftấ äst

تب بسیار تخفیف یافته است

Es geht mir viel besser.
chéilī behtár-äm

خیلی بهترم

Sie müssen sich ausruhen.
schomâ bâjäd esterāhát konīd

شما باید استراحت کنید

In zwei drei Tagen werden Sie genesen sein.
do sé rûz-e dīgár hâl-etân chûb châhäd schod

دو سه روزِ دیگر حالتان خوب خواهد شد

Es geht ihm sehr schlecht.
hâl-äsch chéilī bäd äst

حالش خیلی بد است

Was hat er denn?
tsché marázī dārä d?

چه مرضی دارد؟

Er hat schlimme Augen.
tschäschm-hâ-jäsch charâb äst

چشمهایش خراب است

Er ist krank.
marīz äst

مریض است

Woran ist er erkrankt?
maráz-äsch tschîst?
(,,Seine Krankheit was ist es?“)

مرضش چیست؟

Es geht ihm nicht besonders.
hāl-äsch tschändân chūb nîst

حالش چندان خوب نیست

Die Ärzte können ihn nicht heilen.
atebbā ná-mītawānänd ʿelâdsch-äsch békonänd
atebbā ist die arabische Mehrzahlform von طبیب

اطبّاء نمیتوانند علاجش بکنند

tabîb = Arzt; *'elâdsch* = Heilung.

Ich habe keine Hoffnung mehr.

من دیگر امیدی ندارم

män dīgā́r omîdī nā́-dārām

Ich wußte nicht, daß er erkrankt war.

نمیدانستم که مریض شده است

nā́-mīdānestäm ke marîz schodā́ äst

Seit wann ist er unwohl?

چند وقت است کسالت دارد؟

tschā́nd wacht äst kasālā́t dārād?

kasālā́t = Unwohlsein

Nimmt er Medizin ein?

دوا میخورد؟

dawâ mîchorād?

Er ging selbst ins Krankenhaus, um den Arzt zu sprechen.

خودش بمریضخانه رفت که دکترا ببیند

chódäsch be-marīz-chānā́ raft ke doktór-rā bébīnäd

Der Arzt besucht ihn täglich.

طبیب همه روزه عیادتش میکند

tabîb hämā́ rūzā́ 'ijādā́t-äsch mîkonäd

Wie lange ist er schon krank?

از کی تا بحال مریض است؟

äz kéi tā be-hâl marîz äst?

Er ist noch nicht ganz wiederhergestellt.

هنوز مرضش بکلّی رفع نشده است

hänûz maráz-äsch be-kollî raf' nā́-schodä äst

(*be-kollî* = zur Gänze; *raf'* = Behebung)

Er hatte keinen Appetit.
eschtehâ nắ-dāscht
اشتها نداشت

Aber es geht ihm schon viel besser.
wälîkän hâl-äsch chéilī behtár äst
ولیکن حالش خیلی بهتر است

Der Arzt versichert, daß es nichts auf sich habe.
tabîb etmīnân mîdehäd ke tschîzī nắ-châhäd būd
طبیب اطمینان میدهد که چیزی نخواهد بود

Meiner Frau geht es heute etwas besser.
hâl-e chânom-e män émrūz kắmī behtár äst
حالِ خانم من امروز کمی بهتر است

Ich bin selbst auch immer krank.
chódäm häm hāmīschắ nāchósch-äm
خودم هم همیشه ناخوشم

Was macht Ihr Zahnweh?
dändân-dárd-e schomâ tsché-tour äst?
دندان دردِ شما چطور است؟

Können Sie meine Augen prüfen?
mîtawānīd tschäschm-hâ-je marā emtehân konīd?
میتوانید چشمهای مرا امتحان کنید؟

Ich bin kurzsichtig (weitsichtig).
män nazdīk-bîn (dūr-bîn) hastäm
من نزدیک‌بین [دوربین] هستم

9. Zeit

Ist es Zeit? — وقتش است؟
wácht-äsch äst?

Kommet pünktlich! — سرِ وقت بیائید
sar-e wácht bíjājīd!

In weniger als einer halben Stunde. — در ظرفِ مدّتِ کمتر از نیم ساعت
dar zarf-e moddát-e kämtár äz nîm sā'át

Ich habe keine Zeit. — وقت ندارم
wacht nā́-dārām

Wieviel-Uhr ist es? — ساعت چند است؟
sā'át tschā́nd äst?

Es ist noch früh am Morgen. — صبحِ زود است
sobh-e zûd äst

Wie spät ist es nach Ihrer Uhr? — با ساعتِ شما چه وقت است؟
bā sā'át-e schomâ tsché-wacht äst?

Ihre Uhr steht. — ساعتِ شما خوابیده است
sā'át-e schomâ chåbīdā́ äst (... „ist eingeschlafen")

Meine Uhr ist nicht aufgezogen. — ساعتم کوک ندارد
sā'át-äm kūk nā-dārād

Sie geht nicht. — کار نمیکند
kār nā́-mīkonäd

Ich habe vergessen, sie aufzuziehen. — فراموش کردم کوکش کنم

farāmûsch kardäm kûk-äsch konäm	
Sie geht vor (nach). *tond (kond) kâr mīkonäd* *tond* = rasch, flink; *kond* = matt, langsam.	تند [کند] کار میکند
Von Zeit zu Zeit steht sie. *gāh gāhî mî-īstäd*	گاه گاهی میایستد
Sie geht am Tage eine Viertelstunde nach. *rûzī jäk rób' kond kâr mîkonäd*	روزی یك ربع کند کار میکند
Es ist noch nicht Mittag. *hänûz zóhr nắ-schodắ äst*	هنوز ظهر نشده است
Es ist eben erst Mittag. *tāzắ zóhr äst*	تازه ظهر است
Es ist eins vorbei. *jắk sā'át äz zóhr gozaschtắ äst*	یك ساعت از ظهر گذشته است
Es ist halb zwei Uhr. *jắk-sā'at o nîm ba'd äz zóhr äst*	یکساعت و نیم بعد از ظهر است
Es ist viertel auf zwei Uhr. *sā'át-e jäk o rób' äst*	ساعتِ یك و ربع است
Es ist dreiviertel zwei Uhr. *sā'át-e dó rób' käm äst*	ساعتِ دو ربع کم است
Genau zwei Uhr. *doróst sā'át-e dó äst*	درست ساعتِ دو است
Es ist zwei Uhr vorbei. *äz do gozaschtắ äst*	از دو گذشته است
Es ist nahe an drei Uhr. *näzdîk-e sā'at-e sé äst*	نزدیكِ ساعتِ سه است

Punkt drei Uhr. *dar sár-e sā'át-e sé*	در سرِ ساعتِ سه
Wieviel Uhr ist es? *tsché sā'atī'st?*	چه ساعتی است؟
Halb vier Uhr. *sé o nîm*	سه و نیم
Es ist viertel nach vier. *tschähâr o rób'*	چهار و ربع
Es ist fünf Uhr. *sā'át-e pä́ndsch äst*	ساعتِ پنج است
Es ist zehn Minuten nach sieben. [äst *dah daqīqä́ äz häft gozaschtä́*	ده دقیقه از هفت گذشته است
Es hat vier Uhr geschlagen. *sā'át tschähâr-rā zäd*	ساعت چهاررا زد
Die Uhr hat gerade neun geschlagen. *al'án sā'át nóh-rā zäd*	الآن ساعت نه‌را زد
Es ist Mitternacht. *nesf-e schä́b äst*	نصفِ شب است
Ich hätte nicht gedacht, daß es schon so spät sei. *tasawwór nä́-mīkardäm be-în dīrî bāschäd*	تصوّر نمیکردم باین دیری باشد
Um wieviel Uhr? *tsché sā'átī?*	چه ساعتی؟
Um drei Uhr. *sā'át-e sé*	ساعتِ سه
Um zehn Uhr. *sā'át-e däh*	ساعتِ ده
Es ist Schlafenszeit. *wácht-e châb äst*	وقتِ خواب است

Ich bleibe abends gerne lange auf.
chéilī dûst dārām schäb dîr béchábām
خیلی دوست دارم شب دیر بخوابم

Daran tun Sie Unrecht.
chûb kârī ná-mīkonīd
خوب کاری نمیکنید

Tags darauf.
rûz-e ba'd
روزِ بعد

Von morgens bis abends.
äz sóbh tā schäb
از صبح تا شب

Vor zwei Tagen.
do rûz qabl
دو روز قبل

Drei Tage nach seiner Ankunft.
se rūz ba'd äz worûd--äsch
سه روز بعد از ورودش

Vergangene Woche. Nächste Woche.
haftá-je gozaschtá. haftá-je ājändá
هفتهٔ گذشته هفتهٔ آینده

Binnen einer Woche.
dar zárf-e jäk haftá
در ظرفِ یک هفته

Was für ein Tag ist heute?
émrūz tsché rûzī-st?
امروز چه روزی است؟

Morgen werden es acht Tage, daß ich bei Ihnen war.
fardâ häscht rūz mîschäwäd ke näzd-e schomâ būdäm
فردا هشت روز میشود که نزدِ شما بودم

In acht Tagen werde ich bei ihm Gegenbesuch machen.
هشت روزِ دیگر ببازدیدِ او خواهم رفت

häscht rūz ba'd äz fardâ be-bâzdīd-e û châhäm raft *bāzdīd* = Gegenbesuch	
Vergangene Woche war ich ins Bad gegangen. *haftá-je gozaschtá be-hammâm raftá būdäm*	هفتهٔ گذشته بحمّام رفته بودم
In drei Wochen. *sé haftá-je dīgár*	سه هفتهٔ دیگر
Das wird nicht lange dauern. *tûlī ná-châhäd keschîd*	طولی نخواهد کشید
Das braucht mehr Zeit. *bīsch-tár wacht mîchâhäd*	بیشتر وقت میخواهد
Dies durchzuführen dauert Jahre. *andschâm-e īn kâr sāl-hâ tūl mîkeschäd*	انجامِ این کار سالها طول میکشد
Wie lange ist es her, daß er Ihnen nicht geschrieben hat? *tschänd wácht äst ke beschomâ tschîzī ná-näweschtä äst?*	چند وقت است که بشما چیزی ننوشته است ؟
Ich warte tagtäglich auf einen Brief von ihm. *hämá rūzá entezâr-e kāghäz-e û-rā mîkeschäm*	همه روزه انتظارِ کاغذِ او را میکشم
Es ist zwei Monate her, daß er mir nichts geschrieben hat. *do mâh äst ke be-mán tschîzī ná-näweschtä äst*	دو ماه است که بمن چیزی ننوشته است

Ich hoffe, daß ich Sie nicht habe warten lassen.
omīd-wâr-äm ke schomâ-rā montazér ná-gozāschtá bā-schäm
امیدوارم که شمارا منتظر نگذاشته باشم

Keineswegs, es ist erst neun Uhr.
be-hîtsch wadschh; tāzá sā'át-e nóh äst
بهیچ وجه تازه ساعتِ نه است

Es ist noch früh.
hänûz zūd äst
هنوز زود است

Es ist nicht spät.
dîr nīst
دیر نیست

Sie sind zur rechten Zeit gekommen.
be-mouqé' rasîdīd
بموقع رسیدید

Es wird allmählich spät.
raftá raftá dîr mîschäwäd
رفته رفته دیر میشود

Es ist später, als ich dachte.
dīr-tár äz ân-äst ke mîpän-dāschtäm
دیرتر از آن است که میپنداشتم

Ich hätte nicht geglaubt, daß es schon so spät sei.
bāwár ná-mīkardäm ke în-qadr dîr schodá bāschäd
باور نمیکردم که اینقدر دیر شده باشد

Wie alt sind Sie?
tschänd sāl dārīd?
چند سال دارید؟

Ich bin 35 Jahre alt.
sī o pándsch sāl däräm
سی و پنج سال دارم

Sie sehen nicht so alt aus.
în-qadr mosénn be-nazár ná-mījājīd
اینقدر مسنّ بنظر نمیآئید

Ich habe Sie nicht für so alt gehalten.
män schomâ-rā în-qadr mosénn nā́-mīpändāschtäm
من شمارا اینقدر مسنّ نمیپنداشتم

Er ist zwanzig einhalb Jahre alt.
bîst sāl o nîm dāräd
بیست سال و نیم دارد

Wie alt mag er sein?
tsché sénnī mîtawānäd dāschtā́ bāschäd?
چه سنّی میتواند داشته باشد؟

Er wird so ungefähr vierzig sein.
gūjâ tschehél sâl dāschtā́ bāschäd
گویا چهل سال داشته باشد

Er ist mindestens 50.
aqallā́n pändschâh sāl dāräd
اقلاً پنجاه سال دارد

Er altert sichtlich.
be-tóur-e mahsûs pîr mī-schäwäd
mahsûs = empfunden, gefühlt
بطورِ محسوس پیر میشود

Er mag sechzig Jahre alt sein.
momkén äst schást sâl dāschtā́ bāschäd
ممکن است شصت سال داشته باشد

So alt ist er schon?
în-qadr mosénn äst?
اینقدر مسنّ است؟

Das ist kein hohes Alter.
în sénn-e zijâd nîst
این سنِّ زیاد نیست

Sie sieht älter aus.
mosénn-tàr be-nazár mî-jājäd
مسنّتر بنظر میآید

Er ist ungefähr 70 Jahre alt.
taqrībán haftâd sāl dārād

تقریباً هفتاد سال دارد

Er lebte siebzig Jahre.
haftâd sāl ʿomr kard
ʿomr = Leben

هفتاد سال عمر کرد

Das Jahr hat vier Jahreszeiten.
sāl tschähâr fasl dārād

سال چهار فصل دارد

Die Jahreszeit ist noch zurück.
fásl ʿaqáb oftādá

فصل عقب افتاده

Den Frühling werde ich in Māzandarān verbringen.
bahâr-rā dar Māzandarân be-sár chåhäm bord
be-sár bordän = verbringen

بهاررا در مازندران بسر خواهم برد

Ich fürchte, daß wir einen sehr heißen Sommer bekommen werden.
mîtarsam ke tābestân-e besijâr gármī dāschtá bāschīm

میترسم که تابستانِ بسیار گرمی داشته باشیم

Wenn das Wetter günstig ist, wird es dieses Jahr viel Obst geben.
agár hawâ mowāfaqát konäd, émsāl mīwá zijâd chåhäd būd
mowāfaqát=Zustimmung, Einverständnis

اگر هوا موافقت کند امسال میوه زیاد خواهد بود

Die Ernte wird reichlich ausfallen.
hāsél farāwân chàhäd būd

حاصل فراوان خواهد بود

Man hat mit dem Mähen begonnen.
schorû' be-deróu kardấ änd
schorû' = Beginn;
deróu = das Mähen.

شروع بدرو کرده اند

Dieses Jahr gibt es viel Weizen und Gerste.
émsāl gändóm wä dschóu farāwân äst
farāwân = reichlich vorhanden

امسال گندم و جو فراوان است

Der Sommer ist vorbei.
tābestân gozấscht

تابستان گذشت

Seit vorigen Sommer habe ich meinen Freund nicht getroffen.
äz tābestân-e gozaschtấ tā kanûn dûst-e chód-rā molāqât nấ-kardä äm
molāqât = Begegnung
tā kanûn = bis jetzt

از تابستانِ گذشته تا کنون دوستِ خودرا ملاقات نکرده ام .

Dieses Jahr hatten wir einen schönen Herbst.
émsāl pā'îz-e chûbī dāschtīm

امسال پائیزِ خوبی داشتیم

Der Winter setzt ein.
zämestân schorû' mîschäwäd
. *schorû'* = Anfang

زمستان شروع میشود

10. Wetter

Was ist für Wetter? *în tsché hawâ'ī-st?*	این چه هوائی است؟
Es ist schön. *hawâ-je chûbī'st*	هوای خوبی است
Es ist schönes Wetter. *hawâ-je chóschī-st*	هوای خوشی است
Wie wird das Wetter? *tsché hawâ'ī chåhäd būd?*	چه هوائی خواهد بود؟
Es ist günstiges Wetter. *hawâ-je mosā'édī-st*	هوای مساعدی است
Es wird schönes Wetter. *hawâ-je chûbī chåhäd schod*	هوای خوبی خواهد شد
Wir werden einen schönen Tag haben. *rūz-e chóschī chåhīm dāscht*	روزِ خوشی خواهیم داشت
Das Wetter ist trocken. *hawâ chóschk äst*	هوا خشک است
Es ist stickig. *chafá-konändá äst*	خفه کننده است
Es ist zu heiß. *zijâd garm äst*	زیاد گرم است
Wieviel Grad hat es? *tschänd daradschá äst?*	چند درجه است؟
Sehen Sie mal aufs Thermometer! *garmā-sándsch-rā negâh konīd!*	گرماسنج نگاه کنید

Es sind 40°. *tschehél daradschá äst*	چهل درجه است
Dieses Wetter macht einen schlapp. *în hawâ ādám-rā sóst mîkonäd*	این هوا آدم‌را سست میکند
Steigt (fällt) das Barometer? *mīzâno'l-hawâ bālâ (pā'în) mîrawad?*	میزان الهوا بالا (پائین) میرود؟
Veränderlich. *motaghajjér*	متغیّر
Das Wetter ist stürmisch. *hawâ monqāléb äst*	هوا منقلب است
Glauben Sie, daß es regnet? *gomân mîkonīd, bārân bébārä d?*	گمان میکنید باران ببارد؟
Es sieht nach Regen aus. *gūjâ bārân chåhäd āmäd*	گویا باران خواهد آمد
Ich fürchte, wir könnten Regen haben. *mîtarsäm ke bārân dāschtá bāschīm*	میترسم که باران داشته باشیم
Der Himmel ist bezogen. *āsmân gereftá äst*	آسمان گرفته است
Das Wetter ist ganz trübe. *hawâ besijâr tīrá äst*	هوا بسیار تیره است
Es wird gleich regnen. *al'ân bārân chåhäd âmäd*	الآن باران خواهد آمد
Ich spüre Regentropfen. *qatarât-e bārân-rā ehsâs mîkonäm*	قطرات باران‌را احساس میکنم

qatrá = Tropfen, arab. Mehrzahl: *qatarât*	
Nehmen Sie einen Schirm mit! *tschatr hämrâh bárdārīd!*	چتر همراه بردارید
Es regnet. *bārân mîājäd*	باران میاید
Überall ist der Himmel bezogen. *hamá dschâj āsmân gereftá äst*	همه جای آسمان گرفته است
Es ist regnerisches Wetter. *hawâ-je bārānî äst*	هوای بارانی است
Der Regen wird das Wetter mildern. *bārân hawâ-rā molājém chåhäd kard*	باران هوارا ملایم خواهد کرد
Der Regen hört auf. *bārân qátʿ mīschäwäd*	باران قطع میشود
Nach Regen steigt das Wasser. *baʿd äz bārân âb bālâ mîjājäd*	بعد از باران آب بالا میآید
Gleich zeigt sich die Sonne! *înäk chorschîd nämājân chåhäd schod* *înäk* = sieh da! *voilà!*	اینك خورشید نمایان خواهد شد
Die Sonne scheint. *āftâb äst*	آفتاب است
Es ist hell. *hawâ rouschán äst*	هوا روشن است

Es ist neblig. — مه گرفته است
méh gereftá äst

Es ist dunkel. — تاریک است
tārîk äst

Es ist dunkel geworden. — هوا تاریک شد
hawâ tārîk schod

Es windet. — باد میاید
bād mîājäd

Es weht ein heftiger Wind. — بادِ شدیدی میوزد
bād-e schadîdī mîwäzäd
wäzîdän = wehen

Denken Sie, daß es ein Gewitter gibt? — گمان میکنید که طوفان خواهد شد؟
gomân mīkonīd, ke tūfân châhäd schod?

Es blitzt. — برق میزند
bárq mīzänäd

Es hat die ganze Nacht geblitzt. — تمامِ شب را برق زد
tamâm-e schắb-rā barq zäd

Es hagelt. — تگرگ میاید
tagárg mîājäd

Es donnert. — میغرّد
mîghorrad

Es hat den ganzen Tag gedonnert. — تمامِ روزرا صدای رعد میامد
tamâm-e rûz-rā sedâ-je ra'd míjāmäd
ra'd = Donner
sedâ = Geräusch, Lärm

Der Sturm geht vorüber. — طوفان ردّ میشود
tūfân rádd mîschäwäd

Es ist möglich, daß das Wetter sich macht.
momkén äst hawâ mosā'éd gardäd
mosā'éd = günstig;
gardîdän = werden.

ممکن است هوا مساعد گردد

Der Nebel verzieht sich.
méh bar taráf mīschäwäd

مه بر طرف میشود

Es ist kaltes und feuchtes Wetter.
hawâ-je sárd-e martûbī-st

هوای سردِ مرطوبی است

Es weht ein frischer Wind.
bâd-e chonókī mîwäzäd

بادِ خنکی میوزد

Es ist ungewöhnlich kalt.
bī-nehājắt sard äst

بی‌نهایت سرد است

Es herrscht heftige Kälte.
sarmâ-je schadîdī-st

سرمای شدیدی است

Glauben Sie, daß es schneit?
gomân mîkonīd, ke bárf bíjājäd?

گمان میکنید که برف بیاید؟

Es sieht so aus, als wolle es schneien.
în-tour be-nazár mîrasäd, ke bárf bíjājäd

اینطور بنظر میرسد که برف بیاید

Es schneit.
bárf mîājäd

برف میاید

Es hat geschneit.
bárf āmädắ äst

برف آمده است

Es friert.
jach mîbändäd
jach bastän = ‚Eis binden', gefrieren

یخ میبندد

10⁰ unter Null. *dáh daradschắ zîr-e séfr äst*	ده درجه زیر صفر است
Es hat gefroren. *jach bastắ äst*	یخ بسته است
Es taut. *jach âb mîschäwäd* (,,das Eis wird Wasser")	یخ آب میشود
Ich wünschte, der Winter wäre schon vorbei. *dél-äm mîchâst ke zämestân raftắ bâschäd* *del* = Herz	دلم میخواست که زمستان رفته باشد
Es ist Frühlingswetter. *hawâ-je bahâr äst*	هوای بهار است
Diese Jahreszeit ist mir die liebste. *în fáslī-st ke äz hämắ fosûl bīsch-tár dûst dārām* *fosul* = ar. Mehrzahl von *fasl*	این فصلی است که از همه فصول بیشتر دوست دارم
Ich liebe den Herbst ebenso sehr wie den Frühling. *pā'îz-rā hämân-qadr dûst mîdārām ke bahâr-rā*	پائیزرا همانقدر دوست میدارم که بهاررا
Es fällt Tau. *schäbnắm mîzänäd*	شبنم میزند
Der Mond scheint. *māh-tâb äst*	ماه تاب است
Es ist eine schöne Nacht. *schäb-e qaschắngī-st*	شبِ قشنگی است

11. Haushalt und Dienerschaft*)

Haben Sie ein Haus zu vermieten? *ājā schomâ chānā́-ī berâje edschārā́ dārīd?*	آیا شما خانه‌ای برای اجاره دارید؟
Wieviel Geschosse hat Ihr Haus? *chānā́-je schomâ dārâ-je tschänd tabaqā́ äst?* *dārâ* = besitzend	خانهٔ شما دارای چند طبقه است؟
Wieviele Zimmer hat das Obergeschoß? *tabaqā́-je bālâ tschänd otâq däräd?*	طبقهٔ بالا چند اطاق دارد؟
Die Möbel sind ganz neu. *asāsijā́ kāmelā́n nóu äst*	اثاثیه کاملاً نو است
Wie hoch ist die Miete? *kerājā́-e ân tschā́nd äst?*	کرایهٔ آن چند است؟
Die Miete beträgt 50 Toman monatlich. *kerājā́-je ân mâhī pändschâh tomân äst*	کرایهٔ آن ماهی پنجاه تومان است
Ich muß mir die Sache noch überlegen. *män bâjäd rādsché' be-în mouzû' fekr konäm*	من باید راجع باین موضوع فکر کنم

1) Für diesen Abschnitt wurde unter anderem Hawker's *Simple Colloquial Persian* herangezogen.

rādsché' be = mit Bezug auf;
mouzû' = Gegenstand, Sache;
fekr kardän = nachdenken

Morgen gebe ich Ihnen Bescheid.
fardâ be-schomâ ettelâ' chåhäm dād

فردا بشما اطّلاع خواهم داد

Sagen Sie dem Koch, er soll herkommen.
be-āsch-páz bégūjīd ke bíjājäd îndschā.

باشپز بگوئید که بیآید اینجا

Kommen Sie näher!
nazdīk-tár bíjājīd!

نزدیک‌تر بیائید

So ist es nicht richtig.
în-tour doróst nîst

اینطور درست نیست

Machen Sie das nie wieder!
în kâr-ra dīgấr hītsch-wácht nắkonīd!

این کاررا دیگر هیچوقت نکنید

Schämen Sie sich nicht vor sich selber?
ājā äz chodetân chadschālắt nắ-mīkeschīd?

آیا از خودتان خجالت نمیکشید؟

Sehen Sie zu, wie ich es mache!
bébīnīd män în kâr-rā tsché-tour mîkonäm

ببینید من این کاررا چطور میکنم

Nachher müssen Sie es ebenso machen.
schomâ häm bâjäd ba'd äz în hắmīntour békonīd

شما هم باید بعد از این همینطور بکنید

Passen Sie bei Ihrer Arbeit gut auf! — در کارِ خود مواظب باشید
dar kâr-e chód mowāzéb bâschīd!

Seien Sie bei Ihrer Arbeit nie nachlässig! — هرگز در کارِ خود غفلت نکنید
har-géz dar kâr-e chod ghaflát nắ-konīd!
ghaflát = Nachlässigkeit

Fallen Sie mir nicht auf die Nerven! — اذیت نکنید آقا
azijắt nắ-konīd, Āqā!
azijắt = Quälerei

Kümmern Sie sich um Ihre Arbeit! — بروید پیِ کارتان
bérawīd pei-je kâr-etān!

Sie müssen Ihre fünf Sinne zusammennehmen! — باید حواستان جمع باشد
bâjäd hawâs-etân dschám' bâschäd!

Ich bin mit Ihnen nicht zufrieden. — از شما راضی نیستم
äz schomâ rāzî nîstäm

Irgend etwas ist zerbrochen. — یک چیزی شکسته است
jäk tschîzî schekästắ äst

Bringen Sie es rasch in Ordnung! — زود درستش کنید
zūd doróst-äsch konīd!

Gehen Sie sachte damit um! — یواش دست بزنید
jawâsch dast bézänīd!

Nehmen Sie ein anderes dafür! — اینرا عوض کنید
în-rā ʻawáz konīd!
ʻawaz kardän = auswechseln

Geben Sie es zur Reparatur! — بدهید درستش کنند
bédehīd doróst-äsch konänd!

Machen Sie es so! — اینطور بکنید
în-tour békonīd!

Seien Sie still! — ساکت باشید
sākét bāschīd!

Rufen Sie das Dienstmädchen! — کلفت‌را صدا کنید
kolfát-rā sädâ konīd!

Haben Sie Ihre Sachen gebracht? — اسباب‌های خودرا آوردید؟
asbāb-hâ-je chód-rā âwardīd?

Sie müssen morgens zeitiger auf den Basar gehen. — صبح باید زودتر بازار بروید
sobh bâjäd zūd-tár bāzâr bérawīd

Halten Sie sich nicht auf! — معطّل نشوید
moʻattál nắ-schäwīd!

Ich ging selbst nach dem Basar. — خودم بازار رفتم
chódäm bāzâr raftäm

Kaufen Sie billiger ein! — ارزانتر بخرید
arzān-tár bécharīd!

Besorgen Sie mir Pistazien im Basar! — برای من در بازار پسته بخرید

berâje män dar bāzâr pestấ bécharīd!

Wir haben heute Abend Gäste.
émschäb mehmân dārīm
امشب مهمان داریم

Zum Abendessen muß es Pelou (Reis mit Zutaten) geben.
sár-e schâm bâjäd pelóu bāschäd
سرِ شام باید پلو باشد

Sorgen Sie für alles Nötige.
hár tsche lāzém häst tahijấ konīd!
هر چه لازم هست تهیه کنید

Bringen Sie das Frühstück!
sobhānấ bédehīd!
صبحانه بدهید

Sie machen furchtbar langsam.
chéilī mo'attál mîkonīd
خیلی معطّل میکنید

Wie kommt es, daß Sie spät daran sind?
tsché-tour schod ke schomâ în-qadr dîr mîkonīd?
چطور شد که شما اینقدر دیر میکنید؟

Setzen Sie Tee auf!
tschâj dắm konīd!
چای دم کنید

Wo sind die Zigaretten?
sīgâr kodschâ-st?
سیگار کجا است

Wir trinken den Tee um halb vier Uhr.
sā'át-e sé-o-nîm tschâj mîchorīm
ساعتِ سه ونیم چای میخوریم

Ich habe den Tee gerne ohne Milch.
بنده چای بدونِ شیر میل دارم

bändắ tschâj bedûn-e schîr méil dārä̆m

méil dāschtän = mögen

Lieber nicht zu süß. *zijâd schīrîn nắ-bāschäd*	زیاد شیرین نباشد
Nehmen Sie das Tischtuch weg! *sofrắ-rā bárdārīd!*	سفره‌را بردارید
Legen Sie ein neues dafür hin! *jắkī dīgắr be-dschâ-je ân bógzārīd!*	یکی دیگر بجای آن بگذارید
Füllen Sie diese Flasche und stellen Sie sie auf den Tisch! *īn botrî-rā pór konīd wä rû-je mîz bógzārīd!*	این بطری‌را پر کنید و روی میز بگذارید
Stellen Sie zwei Gläser hin! *do tā gīlâs bógzārīd!*	دو تا گیلاس بگذارید
Waschen Sie diese Teller! *în boschqāb-hâ-rā béschū-rīd!*	این بشقابهارا بشورید
Ehe Sie etwas kochen, säubern Sie die Töpfe. *pîsch äz ân-ke tschîzī bé-päzīd, dīg-hâ-rā pāk konīd!*	پیش از آنکه چیزی بپزید دیگهارا پاك کنید
Säubern Sie sich die Hände! *dast-hâ-jetân-rā pâk konīd!*	دستهایتان‌را پاك کنید
Kochen Sie es ab! *bédschūschānīd-äsch!*	بجوشانیدش

dschūschîdän = kochen (etwas kocht);

dschūschānîdän = abkochen, etwas sieden.	
Sieden (brühen) Sie dies! *în-rā âb-päz konīd!*	این را آب پز کنید
Entfernen Sie vor dem Kochen die Knochen! *pîsch äz póchtän ostochån--hâ-rā bīrûn bíjārīd!*	پیش از پختن استخوان‌هارا بیرون بیارید
Das Wasser im Topf muß ständig kochen. *âb dar dîg bâjäd hämīschá dschûsch bâschäd*	آب در دیگ باید همیشه جوش باشد
Brühen Sie das Hühnchen ab! *dschūdschá-rā bā âb-e dschûsch pāk konīd!*	جوجه‌را با آبِ جوش پاک کنید
Legen Sie das in kochendes Wasser! *în-rā dar âb-e dschûsch bógzārīd!*	اینرا در آبِ جوش بگذارید
Schöpfen Sie das Fett oben ab! *tscharbî-rā äz sár-äsch bár--dārīd!*	چربی‌را از سرش بردارید
Das Fleisch ist versalzen. *gūscht schûr äst*	گوشت شور است
Sagen Sie ihm, er soll gehen und Fleisch besorgen. *bégūjīd bérawäd gūscht peidâ konäd*	بگوئید برود گوشت پیدا کند
Braten Sie dieses Fleisch! *în gûscht-rā sorch konīd*	این گوشت‌را سرخ کنید

sorch kardän = ‚rot machen', braten

Braten Sie es!
sórch-äsch konīd!

سرخش کنید

Gießen Sie mitunter Olivenöl darüber!
gâhī roughắn-e zeitûn rûjäsch bérīzīd!
roughắn = Öl, insbesondere zerlassene Schafbutter;
zeitûn = Olive.

گاهی روغن زیتون رویش بریزید

Schmoren Sie es in heißer Butter!
dar karắ-je dâgh sórchäsch konīd!

در کرهٔ داغ سرخش کنید

Der Ofen muß noch heißer sein.
bochārî bâjäd garm-tár äz în bâschäd

بخاری باید گرمتر از این باشد

Es dauert zehn Minuten.
dah daqīqắ tûl mîkeschäd

ده دقیقه طول میکشد

Es muß ganz heiß sein.
bâjäd chéilī dâgh bâschäd

باید خیلی داغ باشد

Braten Sie beide Seiten an!
har dó taráf-rā sórch konīd!

هر دو طرف‌را سرخ کنید

Nach dem Kochen fügen Sie etwas gestoßenen Zucker dazu!
ba'd äz póchtän be-ân qádrī schekár ezāfắ konīd!

بعد از پختن به آن قدری شکر
اضافه کنید

Vor dem Auftragen setzen Sie etwas Würzmittel zu!
pîsch äz āwardän sar-e mîz be-ân kämī adwijā́ ezāfä konīd!
sar-e mîz = ‚Kopf des Tisches', an die Tafel (heran);
adwijā́ = Gewürze

پیش از آوردن سرِ میز به آن کمی ادویه اضافه کنید

Tun Sie noch etwas Salz und Pfeffer dazu!
qádrī namák wä felfél be-ân ezāfä konīd!

قدری نمك و فلفل به آن اضافه کنید

Tragen Sie es ganz heiß auf!
chéilī dâgh sar-e mîz béā-warīd!

خیلی داغ سرِ میز بیاورید

Zuerst müssen Sie die Form einfetten.
awwál bâjäd qāléb-rā tscharb konīd!

اوّل باید قالب‌را چرب کنید

Es muß ganz klein geschnitten werden.
bâjäd în-rā chéilī rîz bé-borīd!
rîz = winzig
borîdän = schneiden

باید اینرا خیلی ریز ببرید

Schärfen Sie das Messer!
kârd-rā tîz konīd!

کاردرا تیز کنید

Dünne Scheiben.
tekkā́-hâ-je nāzók

تکّه‌های نازك

Zerkleinern Sie dies ganz fein! *în-rā rîz rîz konīd!*	اینرا ریز ریز کنید
Reiben Sie das! *în-rā bésābīd!* *sābîdän* = reiben, raspeln	اینرا بسایید
Lassen Sie es trocknen! *bógzārīd choschk béschäwäd!*	بگذارید خشک بشود
Decken Sie das hier zu! *rû-je în-rā bépūschānīd!*	روی اینرا بپوشانید
Rühren Sie Butter und Zucker zusammen, bis es glatt wie Sahne wird. *kará wä schekár-rā în-qadr bāhám bézänīd tā mésl-e chāmá sâf béschäwäd.*	کره و شکررا اینقدر بهم بزنید تا مثلِ خامه صاف بشود
Verwenden Sie auch das Eiweiß! *säfīdá-je tochm-e mórgh-rā häm be-kâr bébarīd!* *be-kâr bordän* = verwerten, anwenden	سفیدهٔ تخمِ مرغرا هم بکار ببرید
Dieses Obst hat angefangen zu faulen. *īn mīwá dāräd fāséd mîschäwäd.* *dāräd* hier = beinahe, eben dabei *fāséd* = verderbt.	این میوه دارد فاسد میشود

Dies muß trocken und kühl aufbewahrt werden. *în bâjäd chóschk wä chonók negâh dāschtá schäwäd*	این باید خشک و خنک نگاه داشته شود
Ich habe die Überbleibsel weggeworfen. *bāqī-māndá-hâ-rā dûr andâchtá äm* *bāqî* = übrig	باقی‌مانده‌هارا دور انداخته ام
Heben Sie dies auf Eis auf! *în-rā rû-je jách negâh bédārīd!*	اینرا روی یخ نگاه بدارید
Reinigen Sie den Eisschrank! *jach-dân-rā pâk konīd!*	یخدانرا پاك کنید
Wir haben bereits Feuer gemacht. *ātésch doróst kardá īm*	آتش درست کرده ایم
Löschen Sie das Feuer! *ātésch-rā chāmûsch konīd!* *chāmûsch* = still, schweigend	آتش‌را خاموش کنید
Verbrennen Sie nicht das ganze Holz! *tamâm-e hīzóm-rā ná-sūzānīd!*	تمامِ هیزم‌را نسوزانید
Voriges Jahr war das Brennholz billig. *pârsāl hīzóm arzân būd*	پارسال هیزم ارزان بود
Dieses Jahr ist es teuer. *émsāl gerân äst*	امسال گران است
Fülle diesen Krug mit klarem Wasser!	این کوزه‌را با آبِ صاف پر کن

în kūzắ-rá bā âb-e sâf pór kon!

Zünden Sie die Lampe an! *tscherâgh-rā rouschắn konīd!*	چراغ‌را روشن کنید
Verbrauchen Sie das Erdöl nicht unnütz! *naft bī-chodî chárdsch nắkonīd!* *chardsch* = Ausgabe, Verbrauch	نفت بی‌خودی خرج نکنید
Machen Sie das Licht aus! *tscherâgh-rā chāmûsch konīd!*	چراغ‌را خاموش کنید
Wie lang hielt das Petroleum vor? *naft kéi tamâm schod?*	نفت کی تمام شد؟
Bringen Sie die Schuhe zum Schuster! *īn kafsch-hâ-rā näzd-e kaffâsch bébarīd!*	این کفشهارا نزد کفّاش ببرید
Lassen Sie sie besohlen! *ānhâ-rā bédehīd tácht bíjandāzänd!*	آنهارا بدهید تخت بیاندازند
Ich brauche sie übermorgen nachmittag. *tā pás-fardā ásrī ān-hâ-rā lāzém dārām*	تا پس‌فردا عصری آنهارا لازم دارم
Ist die Wäsche gut getrocknet worden? *ājā lebâs-hâ chūb chóschk schodắ äst?*	آیا لباسها خوب خشك شده است؟

Haben Sie heute Salz vom Basar geholt? *émrūz äz bāzâr nämák charîdīd?*	امروز از بازار نمك خريديد؟
Gehen Sie und sehen Sie nach! *bérawīd bébīnīd!*	برويد ببينيد
Stauben Sie hier ab! *îndschā-rā gard-gīrî konīd!*	اينجارا گردگيرى كنيد
Fegen Sie das Schlafzimmer aus! *châb-gâh-rā dschārûb konīd!*	خوابگاهرا جاروب كنيد
Machen Sie das Badezimmer sauber! *hammâm-rā pâk konīd!*	حمّامرا پاك كنيد
Ich bin gewohnt, in kaltem Wasser zu baden. *män ʿādát dāräm dar âb-e sárd estehmâm konäm* ʿ*ādát* = Gewohnheit; *estehmâm* = das Baden	من عادت دارم در آبِ سرد استحمام كنم
Der Vorhang hat ein Loch. *pardá sūrâch äst*	پرده سوراخ است
Ich habe meinen Anzug zerrissen. *lebâs-äm-rā pārá kardäm*	لباسمرا پاره كردم
Warum haben Sie im Zimmer eine solche Unordnung angerichtet?	چرا اطاقرا اينطور درهم وبرهم كرده ايد؟

tschérā otâq-rā în-tour dar häm wa bar häm kardā́ īd?	
Schließen Sie das Fenster! *pändschärā́-rā bébändīd!*	پنجره‌را ببندید
Ist Ihr Zimmer neu gestrichen worden? *otâq-e schomâ-rā tāzā́ rắng zädā́ änd?* *räng* = Farbe	اطاقِ شمارا تازه رنگ زده اند؟
Schließen Sie die Tür ab! *dár-rā qófl konīd!*	دررا قفل کنید
Die Tür schließt nicht ordentlich. *dar doróst bastā́ nā́-mī-schäwäd*	در درست بسته نمیشود
Verbinden Sie diesen Draht mit jenem! *în sîm-rā be ân jā́kī wásl konīd!* *wasl* = Verbindung	این سیم‌را بآن یکی وصل کنید
Dieser Draht ist zu kurz. *în sîm chéilī kūtâh äst*	این سیم خیلی کوتاه است
Bringen Sie einen längeren. *jā́kī deräz-tár bíjārīd!*	یکی درازتر بیارید
Stellen Sie die Betten auf dem Dach auf! *tacht-e-châb-hâ-rā póscht-e bâm bógzārīd!*	تختِ خوابهارا پشتِ بام بگذارید
Passen Sie auf den Jungen auf, bis ich zurück bin! *äz īn pesár tawaddschóh konīd tā bárgardäm*	از این پسر توجّه کنید تا برگردم

Passen Sie auf, daß die Kinder keinen Unfug machen! *mowāzéb bāschīd, bätschä--hâ scholûq nắ-konänd!*	مواظب باشید بچه‌ها شلوق نکنند
Verteilen Sie diese Äpfel unter den Kindern da! *în sīb-hâ-rā béin-e ân bätschä-hâ taqsîm konīd!* *taqsîm* = Verteilung	این سیب‌ها را بینِ آن بچه‌ها تقسیم کنید
Sie können heute frei machen. *schomâ mîtawānīd émrūz--rā ta'tîl konīd* *ta'tîl* = Ferien, Feierzeit.	شما میتوانید امروز را تعطیل کنید
Wir sind zum Mittagessen nicht da. *mā berâje nāhâr īndschā nîstīm*	ما برای ناهار اینجا نیستیم
Meine Frau und die Kinder sind auf dem Land. *chânom wä bätschä-hâ be-jeilâq raftắ änd* *jeilâq* (türkisch) = Sommerlager, Sommerfrische.	خانم و بچه‌ها بییلاق رفته‌اند
Ist das Abendbrot fertig? *schâm hāzér äst?*	شام حاضر است؟
Ich bin zum Abendessen nicht hier. *män berâje schâm īndschâ nîstäm*	من برای شام اینجا نیستم

Bleiben Sie hier, bis ich zurückkomme. *îndschā bémānīd tā bárgardäm*	اینجا بمانید تا برگردم
Wecken Sie mich zeitig! *márā zūd bīdâr konīd!*	مرا زود بیدار کنید
Ich möchte mein Pferd morgen früh um sechs Uhr haben. *ásbäm-rā berâje fardâ sobh-e zûd sā'át-e schisch mîchåhäm*	اسبم‌را برای فردا صبحِ زود ساعتِ شش میخواهم
Welches Pferd reiten Sie morgen? *fardâ kodām ásb-rā sawâr mîschäwīd?*	فردا کدام اسب‌را سوار میشوید؟
Ich schwimme furchtbar gerne. *män äz schenâ kardán besijâr chósch-äm míjājäd*	من از شنا کردن بسیار خوشم میاید

12. Allgemeine Wendungen

Ich komme gleich hinab. *al-ân pāîn mîjājäm* *al-ân* = eben jetzt, gleich; zwischen *al* und *ân* ist ganz kurz abzusetzen (nicht binden!).	الآن پائین میآیم

Ich gratuliere Ihnen von ganzem Herzen.
äz samîm-e qálb be-schomâ tabrîk mîgūjäm
samîm = Innerstes
qálb = Herz
tabrîk = Glückwunsch

از صمیمِ قلب بشما تبریك میگویم

Wenn ich an Ihrer Stelle wäre.
agār dschâ-je schomâ būdäm

اگر جای شما بودم

Ich habe mich anders besonnen.
tasmîm-e chód-rā ʿawáz kardäm
tasmîm = Entschluß
ʿawáz k. = auswechseln

تصمیمِ خودرا عوض کردم

Was sagen Sie dazu?
schomâ dar în mouréd tsché mîgūjīd?
mouréd = Fall

شما در این مورد چه میگوئید؟

Das ist ein guter Gedanke.
chūb chijâlī-st

خوب خیالی است

Wäre es nicht besser?
ājā behtár ná-mībūd?

آیا بهتر نمیبود؟

Das ist mir lieber.
äz în bīschtár chósch-äm mîjājäd

از این بیشتر خوشم میآید

Das ist das Beste.
în behtarîn wasīlá äst
wasīlá = Hilfsmittel

این بهترین وسیله است

Ich warte noch auf Antwort. — منتظرِ جواب هستم
montazér-e dschawâb hastäm

Sobald sie eintrifft, gebe ich Ihnen Bescheid. — بمحضِ وصول بشما اطّلاع خواهم داد
be-mahz-e wosûl be-schomâ ettelâ' châhäm dād
wosûl = Ankunft (von Sachen)

Sie haben gesehen, daß ich mein Wort gehalten habe. — دیدید که در قولِ خود ثابت بودم
dîdīd ke dar qóul-e chód sābét būdäm
sābét = feststehend

Glauben Sie, daß sich das machen läßt? — گمان میکنید که این کار بشود؟
gomân mîkonīd ke în kār béschäwäd?
gomân kardän = annehmen, vermuten

Ich denke wohl. — خیال میکنم ممکن باشد
chijâl mîkonäm momkén bāschäd
chijâl = Phantasie, Gedachtes
momkén = möglich

Was hindert Sie daran? — مانعِ شما در این کار چیست؟
mānéʻ-e schomâ dar în kâr tschîst?

Daran glaube ich nicht. — من اینرا باور نمیکنم
män în-rā bāwár ná-mīkonäm

bāwár kardän = glauben, für erwiesen halten

Daran zweifle ich nicht.
äz ân schákkī ná-dārām
از آن شکّی ندارم

Ich bin dessen sicher.
yaqîn dāräm
یقین دارم

Ich gebe Ihnen mein Wort darauf.
män be-schomâ qóul mîde-häm
من بشما قول میدهم

Das kann nicht wahr sein.
în momkén nîst râst bâ-schäd
این ممکن نیست راست باشد

momkén = möglich

Sie irren sich.
schoma sáhw mîkonīd
شما سهو میکنید

Was soll denn das bedeuten?
în tsché ma'nî dārād?
این چه معنی دارد؟

ma'nî = Sinn, Bedeutung

Tatsächlich?
haqīqatán?
حقیقةً؟

Wirklich?
wāqe'án?
واقعاً؟

Das hätte ich nie vermutet!
har-géz în-rā tasawwór ná-mīkardäm!
هرگز اینرا تصوّر نمیکردم

Wie kann das sein?
în tsché-tour momkén äst?
این چطور ممکن است؟

Das ist unmöglich!
în mahâl äst!
این محال است

Das darf nicht so sein!
ná-bājäd în-tour bāschäd
باید اینطور باشد

Das ist ja seltsam! *în chéilī gharîb äst*	این خیلی غریب است
Was sind das für Reden! *în tsché harfī-st!*	این چه حرفی است
Das ist wahrscheinlich. *mohtamál äst*	محتمل است
Die Möglichkeit besteht. *emkân dārâd*	امکان دارد
Das ist natürlich. *în tabī'-î-st*	این طبیعی است
Es leuchtet ein, daß... *wāzéh äst ké..*	واضح است که
Sie können sich auf mich verlassen. *schomâ mîtawānīd be-mā́n etmīnân dāschtā́ bāschīd.*	شما میتوانید بمن اطمینان داشته باشید
Ich halte es für wahrscheinlich, daß.. *ehtemâl mîdehäm ké...*	احتمال میدهم که
Ich bin dessen gewiß, daß.. *män motma'én hastäm ke...*	من مطمئن هستم که...
Ich verspreche Ihnen, daß.. *be-schomâ qóul mîdehäm ke..*	بشما قول میدهم که
Er hat sein Versprechen gebrochen. *û äz qóul-e chód tachallóf nämūd*	او از قولِ خود تخلّف نمود
Woher wissen Sie das? *în-rā äz kodschâ mîdānīd?*	اینرا از کجا میدانید؟

Ist es nicht so? *în-tour nîst?*	اینطور نیست؟
Ich war erstaunt. *motahajjér schodäm*	متحیّر شدم
Was ist daraus geworden? *tsché schod?*	چه شد؟
Aha! Richtig! *sahîh!*	صحیح
Ich habe nichts derart gehört. *tschonîn hárfī ná-schänīdäm*	چنین حرفی نشنیدم
Heute habe ich keine Zeitung gelesen. *män émrūz hītsch rūznāmá-ī ná-chåndå äm*	من امروز هیچ روزنامه ای نخوانده ام
Ich war daher gezwungeń.. *män äz în dschehát madschbûr būdam ke*	من از این جهة مجبور بودم که
Dies war alles zwecklos. *hämá-äsch bīhūdá būd*	همه اش بیهوده بود
Ich habe große Lust, Ihrem Beispiel zu folgen. *män chéilī mājél-äm ke schīwá-je schomâ-rā peirawî nämājäm*	من خیلی مایلم که شیوهٔ شمارا پیروی نمایم
Von wem haben Sie diese Nachricht? *äz kí īn chabár-rā dārīd?*	از کی این خبررا دارید؟
Wozu dient das? *be-tsché dárd mīchoräd?*	بچه درد میخورد؟

Wozu haben Sie Lust? *tsché meil dārīd?*	چه میل دارید؟
Was wollen Sie sagen? *tsché mîchâhīd bégūjīd?*	چه میخواهید بگوئید؟
Das ist mir unmöglich. *berâjäm emkân ná-dāräd* („für mich Möglichkeit hat nicht")	برایم امکان ندارد
Nehmen Sie alles, was Sie Lust haben! *hár-tsche méil dārīd bár-dārīd!*	هرچه میل دارید بردارید
Wie es Ihnen recht ist. *hár tour ke mājél bāschīd* *tour* = Art und Weise *mājél* = geneigt, beliebend	هر طور که مایل باشید
Ich sagte nichts. *hītsch ná-goftam*	هیچ نگفتم
Ich werde mein Versprechen halten. *män be-wa'dá-je chód wafâ chåhäm kard* *wafâ* = Treue	من بوعدهٔ خود وفا خواهم کرد
Benachrichtigen Sie Ihren Freund! *dūst-e chód-rā chabár ko-nīd*	دوستِ خودرا خبر کنید
Wann werden Sie Ihre Übersetzung fertig haben? *kei tardschomá-je chód-rā tamâm chåhīd kard?*	کی ترجمهٔ خودرا تمام خواهید کرد؟

Übersetzen Sie das ins Deutsche! *în-rā be-zäbân-e ālmânî tardschomá konīd!*	اینرا بزبانِ آلمانی ترجمه کنید
Er versteht kein Französisch. *farānsá-rā ná-mīfahmäd.*	فرانسه‌را نمیفهمد
Ich verstehe ein wenig, sprechen kann ich aber nicht. *kámī mîfahmäm, lîkän ná-mītawānäm hárf bé-zänäm*	کمی میفهمم لیکن نمیتوانم حرف بزنم
Verstehen Sie, wenn ich deutsch spreche? *wáchtī-ke ālmānî harf mî-zänäm mîfahmīd?*	وقتیکه آلمانی حرف میزنم میفهمید؟
Haben Sie Ihre Bücher erhalten? *ketāb-hâ-je· chód-rā dar-jâft nämūdá īd?*	کتابهای خودرا دریافت نموده اید؟
Ich habe nichts beobachtet. *tschîzī moschāhädá ná-kardäm.*	چیزی مشاهده نکردم
Er wartet auf Antwort. *montazér-e dschawâb äst* Statt *dschawâb* „Antwort" ist heute auch das rein iranische پاسخ *pāsóch* eingeführt.	منتظرِ جواب است
Kommen Sie runter! *bíjājīd pāîn!*	بیائید پاین

Seien Sie überzeugt, daß.. *etmīnân dāschtá bāschīd ke..*	اطمینان داشته باشید که
Das ist sehr unangenehm. *în besijār nâ-gowâr äst*	این بسیار ناگوار است
Das ist ein großes Unglück. *în bäd-bachtî-je bozórgī-st*	این بدبختیِ بزرگی است
Das ist sehr mühsam. *în chéilī zahmát dārād*	این خیلی زحمت دارد
Das kann ich mir nicht vorstellen. *män ná-mītawānäm în-rā tasawwór konäm*	من نمیتوانم اینرا تصوّر کنم
Schämen Sie sich nicht? *chadschālát ná-mīkeschīd?*	خجالت نمیکشید؟
Daran haben Sie sehr übel getan. *besijâr bäd kardîd*	بسیار بد کردید
Wegen einer solchen Sache *berâje tschonîn kârī*	برای چنین کاری
Wie konnten Sie so etwas tun? *tsché-tour tawānestīd tschonîn kârī-rā békonīd?*	چطور توانستید چنین کاری‌را بکنید؟
Umso besser! *tsché behtár!*	چه بهتر
Darüber freue ich mich sehr. *äz în chéilī masrûr schodäm*	از این خیلی مسرور شدم
Ich werde nicht verfehlen. *možājaqá wä derîgh ná-châhäm kard*	مضایقه و دریغ نخواهم کرد

Mit Ihrer Erlaubnis. — با اجازهٔ شما
bā edschāzā́-je schomâ

Ich weiß nicht genau. — درست نمیدانم
doróst nā́-mīdānäm

Aus welchem Grund? — بچه سبب؟
be-tsché sabáb?

Was war die Ursache davon? — سببِ آن چه بود؟
sabáb-e ân tsché būd?

Ich war sehr betroffen — سخت متأثّر بودم
sacht mota'assér būdäm

Diese Arbeit kann ich nicht machen. — من نمیتوانم این کاررا بکنم
män nā́-mītawānäm în kâr-rā békonäm

Wo haben Sie früher gearbeitet? — سابقاً کجا کار میکردید؟
sābeqā́n kodschâ kâr mîkardīd?

Ich wünsche Ihnen Glück zum Geburtstag! — من روزِ تولّدِ شمارا تبریك میگویم
män rūz-e tawallód-e schomā-rā tabrîk mîgūjäm

Ich wünsche Ihnen ein frohes Neues Jahr! — سالِ نورا بشما تبریک میگویم
sāl-e nóu-rā be-schomâ tabrîk mîgūjäm

Ich beglückwünsche Sie. — شمارا تهنیت میگویم
schomâ-rā tahnijā́t mîgūjäm

Von ganzem Herzen. — از صمیمِ قلب
äz samîm-e qalb

Wann kamen Sie hierher? *kei îndschā âmädīd?* (höflicher: *kei îndschā taschrîf āwardīd?*	کی اینجا آمدید؟ (کی اینجا تشریف آوردید؟)
Sie erschöpfen meine Geduld. *housälā́-äm-rā tamâm sár bordīd*	حوصله‌امرا تمام سر بردید
Sind Sie dessen sicher, was Sie sagen? *äz în-ke mîgūjīd motma'én hästîd?*	از اینکه میگوئید مطمئن هستید؟
Das ist völlig klar. *īn pór wāzéh äst*	این پر واضح است
Das ist sicher. *īn hatmî'st*	این حتمی‌است
Ist es denn wahr, daß ..? *râst äst ke ...?*	راست است که؟
Was wollen Sie sagen? *tsché mîchåhīd bégūjīd?*	چه میخواهید بگوئید؟
Es ist nötig, daß ich Ihnen dies sage. *lāzém äst ke în-rā be-schomâ bégūjäm*	لازم است که اینرا بشما بگویم
Meine Geduld ist am Ende. *housälā́-äm sár āmäd*	حوصله‌ام سر آمد
Können Sie denn nicht Ruhe halten? *ná-mītawānīd ārâm bé-gīrīd?*	نمیتوانید آرام بگیرید؟
Das will ich nicht haben. *în-rā ná-mīchåhäm*	اینرا نمیخواهم

Ich spreche ohne Umschweife. *bī parwâ harf mîzänäm*	بی پروا حرف میزنم
Das müssen Sie wissen. *schomâ bâjäd în-rā bédānīd*	شما باید اینرا بدانید
Was soll ich tun? *tsché-konäm?*	چه کنم؟
Laß ihn bald gehen! *bógzâr zūd bérawäd*	بگذار زود برود
Dieses Taschentuch gehört mir. *în dastmâl mâl-e mắn äst*	این دستمال مالِ من است
Dies ist sehr wichtig. *în chéilī mohémm äst*	این خیلی مهمّ است
Diese Sache ist schwierig. *īn kâr sacht (moschkél) äst*	این کار سخت [مشکل] است
Aber er ist bereit, es zu tun. *wálī û hāzér äst békonäd*	ولی او حاضر است بکند
Während der Ferien arbeite ich nicht. *hängâm-e ta'tīl kâr nä-mīkonäm* *ta'tîl* = Feierzeit, Büroschluß.	هنگامِ تعطیل کار نمیکنم
Sie scherzen! *schūchî mīkonīd!*	شوخی میکنید
Ich mache Ihnen viel Mühe. *be-schomâ chéilī zahmát mîdehäm*	بشما خیلی زحمت میدهم

Es ist durchaus keine Mühe. *hītsch zahmátī nîst*	هیچ زحمتی نیست
Reden Sie nicht davon! *sohbát-äsch-rā ná-farmā-jīd!*	صحبتش را نفرمائید
Es taugt nichts. *hītsch be-kâr ná-mījājäd*	هیچ بکار نمیآید
Sehen Sie jetzt! *hālâ molāhazá farmājīd!*	حالا ملاحظه فرمائید
Wo ist Ihr Buch? *ketâb-etân kodschâ-st?*	کتابتان کجاست؟
Dort neben Ihnen. *āndschâ, pahlûje schomâ'st*	آنجا پهلوی شما است
Ich vermute es. *háds mīzänäm*	حدس میزنم
Ich vermute, nein. *chijâl mîkonäm ke chéir*	خیال میکنم که خیر
Bis jetzt noch nicht. *tā be-hâl ke ná*	تا بحال که نه
Kommen Sie morgen nicht! *fardâ ná-jājîd!*	فردا نیائید
Man hat mich benachrichtigt. *be-mán chabár dādänd*	بمن خبر دادند
Diese Arbeit zieht sich sehr in die Länge. *în kâr chéilī tûl mīkeschäd*	این کار خیلی طول میکشد
Er ist noch nicht gekommen. *hänûz ná-jāmädá äst*	هنوز نیآمده است
Das brauchen Sie selbst. *în-rā schomâ chód-etân lāzém dārīd*	اینرا شما خودتان لازم دارید

Soll es nicht so sein?
ná-bājäd īn-tour bāschäd?

نباید اینطور باشد؟

Wenn niemand anders da ist, gehe ich selbst.
agár kás-e dīgár ná-bâschäd, chódäm mîrawam

اگر کسِ دیگر نباشد خودم میروم

Soll ich Ihnen helfen?
mîchâhīd be-schomâ komák konäm?

میخواهید بشما کمك کنم؟

Es ist nötig, daß Sie früh aufstehen.
lāzém äst ke schomâ sóbh-e zūd äz châb bárchīzīd

لازم است که شما صبحِ زود از خواب برخیزید

Ich kann nicht warten.
ná-mītawānäm sábr konäm
sabr = Geduld

نمیتوانم صبر کنم

V

Lese- und Übersetzungsübungen

Einzelsätze

1.

یک دهِ آباد بهتر از صد شهرِ خرابست. هیچ کاررا ناتمام نباید گذارد. درختِ خشک بی ثمر است. گرما شدّت کرد. آفتاب تابنده است. خانهٔ ما باغچهٔ خوبی دارد. نانِ گندم بهتر از نانِ جو است. نوروز اوّلِ سالِ ایرانیانست[1]. تابستان وقتِ درو کردنست خرابه‌های ری نزدیکِ تهرانست. پیِ کارت برو. پی در پی کار کن تا یادبگیری. خیلی کوشش کن. دی ماه اوّلِ زمستان است.

jäk — eins, ein
deh — Dorf
ābâd — besiedelt, gedeihend
behtár — besser
sad — 100
schahr — Stadt
charâb — verfallen
kâr — Arbeit, Werk
nā-tamâm — unfertig
nấbājäd — man soll nicht
gozârdän (gozâr) — legen, setzen, stellen; (liegen) lassen
derácht — Baum
choschk — trocken, dürr
samár — Frucht

[1]) Zusammengeschrieben aus ایرانیان und است.

garmâ — Wärme, Hitze
scheddắt — Heftigkeit
āftâb — Sonne
tābändắ — scheinend
chānắ — Haus
bāghtschắ — Garten (klein)
nân — Brot
gändóm — Weizen
dschóu — Gerste
nourûz — ‚neuer Tag', Neujahr
awwál — erst; Anfang
sâl — Jahr
īrānijân — die Iraner
tābestân — Sommer
waqt (sprich: wacht) — Zeit
deróu kardän — mähen, ernten
charābắ-hâ — Trümmer, Ruinen
Rej — das alte Rhages, bei Tehrân
nazdîk — nahe
pej-e — hinterher
kâr-ät — deine Arbeit
pej-e kâr-ät — hinter deiner Arbeit her
bérou (bórou) — geh! (von *raftän)*
pej dar pej — hintereinander weg
kâr kon — arbeite!
tā — damit
jâd geréftän (gîr) — lernen
chéilī — sehr
kūschésch — Anstrengung
kūschésch kon — streng dich an!
Dej — persischer Monatsname[1])
mâh — Monat
Déj māh — der Monat Dej
zämestân — Winter

2.

خسرو صورت ساز است . ساعت کوك شد . برگِ درخت زرد
شد . برگِ زردرا باد برد . گل بوی خوب دارد . دود بالا رفت .
درختِ انارگلِ قرمز دارد . آقا وارد شد . یکیک از در بیرون

[1]) Vgl. den persischen Kalender auf S. 229—30.

بروید. نان و پنیر لذیذ است. سبد پر از میوه است. صبح زود باید دنبال کار رفت. آدم بیسواد کور و بیچاره است. هیچ شب بی سحر نیست. صحرا نشینی کار خوبی نیست. زراعت شخم لازم دارد. امروز صبح پست وارد شد. مریض‌را زود باید بطبیب رسانید. هفته هفت روز است. این شخص بظاهر آدم خوبیست. شغل و کار برای هرکس لازمست. پدر پروین سقط فروشست. درست‌را تکرار کن تا خوب یاد بگیری. بیکار منشین که بیکاری بد است. اسپهارا بگاری بستند. بیماررا پرستاری باید کرد. اصفهان شهر بزرگیست. مهتر اسپ‌را تیمار نمود. تهران پایتخت ایرانست.

Chosróu — männlicher Eigenname
sūrát — Gesicht, Figur, Porträt
sūratsâz — Porträtist, Maler
sā'át — Uhr; Stunde
kûk — das Stimmen (Instrumente); Aufziehen
kûk schodän (schou) — aufgezogen werden
barg — Laub
zard — gelb
bâd — Wind
bordän (bar) — wegtragen
gol — Blume, Blüte
bû — Geruch, Duft
dûd — Rauch
bālâ — oben, nach oben
raftän (rou) — gehen
anâr — Granatapfel
qerméz — rot
āqā — der Herr
wāréd schodän (schou) — eintreffen, ankommen
jäk jäk — einzeln, einer nach dem andern
äz dar — durch die Tür
bīrûn — hinaus
pänîr — Käse
lazîz — köstlich, schmackhaft

säbắd — Korb
por äz — voll von
mīwắ — Obst
sobh — Morgen
zūd — früh; rasch
sobh-e zûd — früh morgens
donbâl (sprich: *dombâl)* — hinterher
dombâl-e kâr — hinter der Arbeit her
bâjäd raft — man muß gehen
ādam — Mensch
bī-sawâd — des Lesens und Schreibens unkundig
kûr — blind
bī-tschārắ — hilflos
schäb — Nacht
sahár — Morgendämmerung
sahrâ — Wüste, Ebene, Feld
sahrâ-neschīnî — das Nomadisieren
kâr-e chûbī — eine gute Sache
zerā'át — Ackerbau, Landwirtschaft
schochm — Pflug
lāzém — nötig
émrūz — heute
post — Post
marîz — krank, der Kranke
tabîb — Arzt
rasānîdän (Kausativ zu *rasîdän* ‚gelangen') — gelangen lassen, bringen zu
haftắ — Woche
haft — 7
rûz — Tag
în — dieser
schachs — Person
be-zāhér — nach dem Äußeren, äußerlich
schoghl — Beruf
kâr — Arbeit
berâje har käs — für jedermann
pedár — Vater
Parwîn — weiblicher Eigenname
saqat-forûsch — Großkaufmann, Großhändler
dárs-ät — deine Lektion
takrâr — Wiederholung
takrâr kon — wiederhole!
bī-kâr — ohne Arbeit; arbeitslos
mắ-neschīn — sitze nicht!
ke — denn
bīkārî — Müßiggang, Arbeitslosigkeit
bäd — schlecht
äsp — Pferd
be-gārî — an den (zweirädrigen) Wagon, Karren

baständ — ‚sie banden' = man hat gebunden, gespannt
bīmâr — krank, der Kranke
perestārî — Pflege
p.kardän (kon) — pflegen
p.bâjäd kard — man muß pflegen
Esfahân — Name einer Stadt in Mittelpersien
mehtár — Pferdeknecht, Stallwärter
tīmâr nämûdän (nämâ) — pflegen, besorgen
pājtácht — Hauptstadt.

Aus einer persischen Fibel

1.

قنبر بچهٔ بود بازیگوش. مادرش‌را اذیت میکرد. بپدرش دروغ میگفت. گلهـارا میکند. در خیابانها اینطرف و آنطرف میگشت. بجای آنکه از کنارِ خیابان برود از وسط میرفت. مردم‌را مسخره میکرد. تقلیدِ درشکه‌چی‌هـارا در میـآورد. هرجـا ریگی میدید با نوکِ گیوه میزد. آواز میخواند و درس نمیخواند. گـاهی هم از مدرسه غیبت مینمود و تا عصر غیبت داشت. یکروز بمدرسه نیـامد. فردا معلوم شد آن پسرِ بداخلاق زیرِ اتومبیل رفته است.

Qanbar (spr. *Qambár)* — männlicher Eigenname
bätschā'ī — ein Kind
bāzīgūsch — verspielt, unartig
mādár-äsch — seine Mutter
azijāt kardän — quälen
pedár-äsch — sein Vater
dorûgh — Lüge
dorûgh goftän — lügen

gol — Blume
kändän (kän) — ausreißen
chijābân — Allee, Straße
taráf — Seite
în-taraf wä ân taraf — hierhin und dorthin
gaschtän (gard) — umherstreifen, spazieren
be-dschâ-je ân-ke — anstatt daß
kanâr — Rand, Seite
bérawad — er gehe (Konj.)
äz wasát — in der Mitte
mardóm — die Leute
mas-charấ — Maskerade
mas-charấ kardän — verspotten
taqlîd — Nachahmung
taqlîd dár-āwardän — nachäffen
doroschkätschī — Droschkenkutscher
har dschâ — wo immer
rîgī—ein (einen) Sandhaufen
dîdän (bîn) — sehen
nûk — Spitze
gīwấ — leichter baumwollener Schuh, widerstandsfähig und bequem, Besonderheit Irans
zädän (zän) — schlagen, stoßen
āwâz — Stimme
āwâz chândän — singen
dars — Lektion, Unterricht
dars chândän — lernen, seine Lektion einüben
gâhī — zuweilen
häm — auch
madrasấ — Schule
gheibất — Abwesenheit, Fehlen
gheibất nämûdän (nämâ) — fehlen
tā asr — bis zum Nachmittag
dâschtän (dâr) — haben
jäk-rūz — eines Tages
nấjāmäd — er kam nicht
fardâ — morgen, Tags darauf
maʿlûm schod — es wurde bekannt
pesár — Knabe
bäd-achlâq — „von schlechten Sitten“, ungezogen
zîr-e — unter
otōmobîl — Auto
raftän (rou) — gehen.

2.

علی با پدرش در باغچه گردش میکرد. بهر درختی میرسید
میپرسید این چه درختی است. پدرش اسمِ آن درخت‌را باو میگفت.
ولی بدرختهای میوه که رسیدند علی خودش میگفت این درختِ سیب
است. این زردآلو است. این به است. این هلو است. این گیلاس است.
این آلوبالو است. این گلابی است. پدرش گفت آفرین برتو که
درختهای میوه‌را خوب میشناسی.

'Alī — männlicher Eigenname
bāghtschā́ — Garten
gardésch — Spaziergang
be-hár — zu jedem
deràcht — Baum
rasîdän (ras) — gelangen
porsîdän (pors) — fragen
în tsché deràchtī'st? — was ist das für ein Baum?
esm — Name
be-û — ihm
wā́lī — aber, jedoch
mīwā́ — Obst
ké — daß; als; denn
be-derachthâ-je mīwā́ ke rasîdänd — als sie zu den Obstbäumen gelangten
chódäsch — (er) selbst
deràcht-e sîb — Apfelbaum
zardālû — Aprikose
beh — Quitte
holû — Pfirsich
gīlâs — Kirsche (auch = Trinkglas)
ālūbālū — (Sauer)Kirsche
golābî — Birne
āfarîn bar tó — „bravo über dich!"
chûb — gut
schenâchtän (schenâs) — kennen

3.

شب برای خوابیدن و آسودنست. روز برای کار کردن و نان
پیدا نمودن. اوّل کاری که صبح باید کرد شستنِ دست و رو و دهن
است. دست و رورا باید با صابون شست و دندان‌را با مسواک پاکیزه
کرد. بچه‌های کثیف که صبح دست و رویشان‌را نمیشویند دردِ چشم
زیاد میگیرند.

schäb — die Nacht
berâje — wegen, zum
châbîdän (châb) — schlafen
āsûdän (āsâ) — ruhen, sich ausruhen
rûz — der Tag
kâr kardän (kon) — arbeiten
nân — Brot
peidâ nämûdän (nämâ)[1] — ausfindig machen, beschaffen
awwál — erst, der erste
kârī-ke — die Arbeit, Sache, welche
sobh — Morgen, des Morgens
bâjäd kard — man muß machen
schostän (schûj) — waschen
dast — Hand
rû — Gesicht
dähán — Mund
bâjäd schost — man muß waschen
sābûn — Seife
dändân — Zahn (kollektiv: Zähne)
meswâk — Zahnbürste
pākīzá — sauber
kasîf — schmutzig, unsauber
dast-o-rû-jeschân-rā — ihre Hände und ihr Gesicht (Akk.)
dard — Schmerz
tschäschm — Auge
dard-e-tschäschm — Augenleiden
zijâd — sehr viel
geréftän (gîr) — bekommen, sich zuziehen

[1]) *kardän* und *nämūdän* sind als Hilfszeitwörter wechselseitig vertauschbar.

4.

موش در بیشتر خانه‌ها هست. موش بمردم ضرر میزند. گندم و برنج و نخود و عدس و چیزهای دیگررا میدزدد. کتاب و کاغذ و پارچه‌هارا میخورد و خراب میکند. برای جلوگیری از موش تله میگذارند یا گربه نگاه میدارند.

mūsch — Maus
bīschtár — mehr, meist
chānā́ — Haus
häst — es gibt
mardóm — Leute
zarár — Schaden
z.zädän — Schaden zufügen
gändóm — Weizen
beréndsch — Reis
nochód — Erbsen
'adás — Linsen
tschīz — Sache, Ding
dīgā́r — ander
dozdîdän (dozd) — stehlen
ketâb — Buch
kāghā́z — Papier
pārtschā́ — Stoff, Zeug
chordän (chor) — essen, fressen
charâb — kaputt
ch.kardän — verderben, zerstören
dschelou-gīrî . — ‚Einhalt-Gebieten', Verhütung, Bekämpfung
tälā́ — Falle
gozâschtän (gozâr) — legen, stellen
mîgozārränd — ‚sie legen' = man legt
jā — oder
gorbā́ — Katze
negâh dâschtän (dâr) — halten

5.

در خانه‌ها نردبان‌را برای رفتن به پشتِ بام بکار میبرند. اگر پشتِ بام پله داشته باشد نردبان لازم نمیشود. نردبانِ دو طرفی از

دو نردبانِ معمولی درست شده که سرِ آنهارا بهم جفت کرده اند.
نردبانِ دوطرفی بیشتر بکارِ نقّاشها میخورد که میخواهند طاقهارا
رنگ کنند.

nardobân — Leiter
raftän (rou) — gehen, das Gehen
be — zu, nach, auf (Präposition der Richtung, meist mit dem zugehörigen Hauptwort zusammengeschrieben)
poscht-e bâm — Dach (wörtlich: „Rücken des Daches")
be-kâr bordän (bar) — verwenden, gebrauchen
agár — wenn
pällá — Treppe
dāschtá bāschäd — (er) hätte
lāzém — nötig
ná-mīschäwäd — ‚es wird nicht', hier = es würde nicht sein
dó-tarafî — zweiseitig, Doppel- [wöhnlich
ma'mūlî — gebräuchlich, ge-
doróst — zurecht, richtig
d.schodän (schou) — zurecht gemacht werden
d.schodá — zurecht gemacht worden; die Kopula *äst* = „ist" wird häufig weggelassen.
sar — Kopf, Spitze, Ende
ke sar-e ānhâ-rā — deren Enden (Akk.)
be-hám — zusammen
dschọft — Paar, doppelt
dsch.kardän — zusammenfügen, vereinigen
dsch.kardá änd — man hat verbunden
bīschtár — mehr, öfter, öfters
kâr — Arbeit
naqqâsch — Maler
be-kâr-e.. chordän (chor) — passen, sich eignen für
ke — (hier:) die, welche
châstän (châh) — wollen
tâq — (gewölbte) Nische; Bogen, Gewölbe
räng — Farbe
r.kardän — anstreichen
mîchâhänd ... räng konänd — sie wollen anstreichen

6.

منوچهر و مادرش نزدیکِ حوضِ آب ایستاده بودند. پسر گفت
از این ماهیهای قرمز میخواهم یکیشان‌را بگیرم. مادرش جواب داد
هرگز این خیال‌را مکن. ماهی‌را با دست نمیشود گرفت. بچهٔ خوب
سرِ حوض نمیرود. ماهی هم که از آب درآمد میمیرد گناه دارد.

Manūtschéhr — männl. Eigenname
mādár-äsch — seine Mutter
nazdîk — nahe
hóuz — Bassin, Becken
hóuz-e âb — Wasserbecken, Teich
īstādá būdän — stehen
pesár — Knabe
goftän (gû) — sagen
māhî — Fisch
qerméz — rot
äz în māhī-hâ-je qerméz — von diesen Goldfischen
jákī-schān-rā — einen von ihnen
geréftän (gîr) — fangen, greifen
dschawâb — Antwort
dādän (deh) — geben
har géz . . . ná — niemals
chijâl — Einbildung, Laune, Gedanke, Meinung
īn chijâl-rā má-kon — komme nicht auf diesen Gedanken!
bā dast — mit der Hand
ná-mīschäwäd — es wird nicht, es geht nicht
ná-mīschäwäd geréft — man kann nicht fangen, es läßt sich nicht fangen
bätschá — Kind
bätschá-je chûb — das gute Kind
sar — Kopf, Anfang; als Präposition = an
sar-e hóuz — an den Teich
raftän (rou) — gehen
námīrawad — (er) geht nicht
häm — auch
ke — (hier:) der, welcher
dár-āmädän (dár-āj) — herauskommen
äz âb dár-āmäd — er kam aus dem Wasser heraus

mordän (mîr) — sterben
mîmīräd — er stirbt
gonâh — Sünde
g.dāräd — ‚es hat Sünde‘, es ist eine Sünde

7.

درشکه‌را باسب می‌بندند. درشکه چهار چرخ دارد و دو چرخِ بزرگ و دو چرخِ کوچک جلو. درشکه‌را از چوب و چرم و آهن درست می‌کنند. درشکه را بعد از آنکه درست شد رنگ میزنند که هم قشنگ باشد و هم با دوام.

doroschkā́ — Droschke (russ. Wort)
be-ā́sb (ā́sp) — an das Pferd
mîbändänd — ‚sie binden‘ = man spannt an
tschähâr — vier
tscharch — Rad
dâschtän (dâr) — haben
bozórg — groß
‘aqáb — hinten, hinter
kūtschék — klein
dschelóu — vorn, vorder
tschûb — Holz
tscharm — Leder
āhā́n — Eisen
doróst kardän (kon) — zurecht machen, verfertigen
d.mîkonänd — man verfertigt
ba‘d äz ân-ke — nachdem, daß
räng zädän (zän) — anstreichen, bemalen
ke — (hier:) auf daß, damit
häm... häm — sowohl ... als auch
qaschā́ng — hübsch, elegant
bāschäd — (er) sei
dawâm — Dauer
bā dawâm — ‚mit Dauer‘ = dauerhaft

8.

اين آب‌پاشِ كوچك مالِ جعفر آقا است. جعفر آقا صبح پيش از رفتن بمدرسه و عصر بعد از برگشتن گلهاى باغچه‌را با آب‌پاش آب ميدهد. همينكه آب دادنِ باغچه تمام شد آب‌پاش‌را وارونه روى زمين ميگذارد كه آبِ آن بيرون برود و زنگ نزند.

āb-pâsch — Gießkanne
kūtschék — klein
māl — Eigentum, Besitz
Dscha'far āqā — „Herr Dscha'far", Name eines Knaben; der Titel *āqâ* ‚Herr' wird auch schon Kindern verliehen
sobh — Morgen, am Morgen
pîsch äz — vor (zeitlich)
raftän (rou) — gehen, das Gehen
be-madrasä́ — in die Schule
'asr — Nachmittag, am Nachmittag
bárgaschtän (bárgard) — zurückkehren
gol — Blume
bāghtschä́ — Garten, Gärtchen
gol-hâ-je bāghtschä́ — die Blumen des Gartens
āb dādän (deh) — ‚Wasser geben', gießen
hä́mīn-ke — sobald
tamâm schodän (schou) — fertig werden, zu Ende sein, aufhören
wārūnä́ — verkehrt, umgestürzt
rû-je — auf
zämîn — Erde, Boden
gozâschtän (gozâr) — stellen, setzen
ke — (hier:) damit
âb-e ān — ‚das Wasser von jener', ihr (nämlich der Gießkanne) Wasser
bīrûn — heraus
bérawad — (es) gehe, laufe
zäng — Rost
z.zädän (zän) — rosten
zäng nä́-zänäd — (es) nicht roste

9.

آهو حیوانِ قشنگِ صحرائی است. بعضی از آهوها شاخِ کوتاه دارند. آهو دُمش کوتاه. زیرِ شکمش سفید است و چشمهایش سیاه. دست و پای آهو نازکست وخوب میتواند بدود. بچه آهورا میگیرند در خانه‌ها نگاه میدارند. کم کم انس میگیرد و دیگر فرار نمیکند.

āhû — Gazelle
hejwân — Tier
qaschắng — hübsch, elegant
sahrâ — Steppe, Wüste, Ebene
heiwân-e sahrâ'ī — ein Steppentier
bá'zī — einige
schâch — Ast; Gehörn, Geweih
kūtâh — kurz
dāränd — sie haben
dóm — Schwanz
āhû dóm-äsch — ‚der Gazelle ihr Schwanz' = der Schwanz der Gazelle
kūtâh — siehe oben; dahinter fehlt wie häufig die Kopula *äst* — „ist"
zīr-e — unter; das Untere, der Unterteil
schekắm — Bauch
schekắm-äsch — ihr Bauch
säfîd (sefîd) — weiß
tschäschm — Auge
tschắschm-hâ-jäsch — ihre Augen
sijâh — schwarz
dast — Hand, Vorderbein
pâ — Fuß, Hinterbein
pâ-je āhû — das Hinterbein der Gazelle
nāzók — dünn, zart, schlank
nāzók-äst — (Schreibung ohne aléf)
mîtawānäd — (sie) kann
dawîdän (dou) — laufen
bédäwäd — (daß sie) laufe
bätschắ — Kind, Junges
āhû-rā — ‚der Gazelle' (Dativ! *-rā* kann auch dativische Bedeutung haben)

mîgīränd — ‚sie nehmen', man nimmt weg

negâh dâschtän (dâr) — halten, bewahren

käm käm — allmählich, schließlich

ons geréftän (gîr) — zahm werden

dīgắr ... nắ — nicht mehr

ferâr — Flucht

f.kardän (kon) — fliehen, weglaufen, entlaufen

10.

پرویز در کوچه با مادرش میرفت. چشمش افتاد بخرِ بارکشی که سیبِ سرخ بار داشت. گفت من از این سیبها میخواهم. مادر نگاه کرده گفت ببین حیوانِ زبان بسته‌را چقدر بار کرده اند. صاحبِ خر جواب داد شما از این سیبها بخرید تا بارش سبک شود.

Parwîz — männl. Eigenname

kūtschắ — Gasse, Straße

mîraft — (er) ging (Vorsilbe *mî-* zum Ausdruck der Dauer)

tschắschm-äsch — sein Auge

oftâdän (oft) — fallen

char — Esel

bâr — Last

bār-kesch — ‚Lasten-schleppend', beladen

be-chár-e bār-késchī ke — auf einen beladenen Esel, der .....

sîb — Apfel, Äpfel

sorch — rot

bâr dâscht — er hatte als Last

mîchâhäm — ich möchte

negâh kardän (kon) — blicken, hinschauen

n. kardắ — ‚hingeschaut (habend)' = nachdem sie hingeschaut hatte

dîdän (bîn) — sehen

bébīn! — sieh!

heiwân — Tier

zäbân-bastá — ‚Zungen-gebunden', stumm
tsché-qadr — wie sehr
bâr kardän (kon) — beladen
b.kardá änd — man hat beladen
Übersetzung: Sieh mal, wie man dieses stumme Tier beladen hat.

sāhéb — Besitzer, Eigentümer
dschawâb dādän (deh) — antworten
charîdän (char) — kaufen
tā — damit
bâr-äsch — seine Last
sabók — leicht (vom Gewicht)
schäwäd — (es) werde.

11.

بچه‌های خوب غذا و آب باندازه میخورند. در وقتِ شام و ناهار با ادب-سرِ سفره حاضر میشوند. هرچه پیشِ آنها گذاردند میخورند. پیش از شروع کردن بغدا دستهای خودرا شست و شو میکنند.

bätschá — Kind
ghezâ — Nahrung, Speise
be-andāzá — mit Maß
chordän (chor) — essen, trinken; verzehren
dar — in
waqt (gesprochen: *wacht)* — Zeit
schām — Abend; Abendessen
nāhâr — Mittagessen

adáb — Anstand, gute Sitte, Höflichkeit
sar — Kopf; als Präposition: an
sofrá — Tischtuch; gedeckter Tisch
hāzér — anwesend, bereit
h.schodän (schou) — sich einfinden
hár-tsche — was immer
pīsch-e ānhâ — vor sie

gozârdän (= gozâschtän) — setzen, legen, stellen
gozârdänd — ‚sie legten‘, man setzte vor
schorû‘ — Anfang, Beginn
sch.kardän — anfangen, das Beginnen
be-ghezâ — mit dem Essen
dast-hâ-je chód-rā — (wen?) ihre Hände
schost-o-schû kardän (kon) — waschen

12.

Nebenstehendes Lese- und Übersetzungsstück aus einer persischen Fibel ist zugleich ein Beispiel für die in Iran weit verbreitete, von Persern im 15. Jahrhundert geschaffene Sonderform der arabischen Schrift, die man als نستعليق *Nasta‘lîq* bezeichnet, im Gegensatz zur gewöhnlichen Druckschrift, die den Namen نسخ *Nas-ch* führt.

Umschrift:

Rāstî wä dorostî. márdī dar kūtschá mîraft, dîd téflī rû-je zämîn neschästá, péi-je tschîzī mîgardäd. Porsîd: „tsché mīkonī?“ Tefl dschawâb dād: „mādár-äm jäk-schāhî be-mán dādá būd, kāgház bécharäm. Pûl-äm góm schodá.“ Mard goft: „Ghossá má-chor! în jäk-schāhî-rā bégîr wä bórou, kāgház béchar!“ Tefl pûl-rā geréft. Hänûz mard tschänd qadám ná-raftä būd ke dîd bätschá[1]) donbâl-e û[2]) mîdäwäd; īstâd. Tefl pûl-rā pás dādá, goft: „jäk-schāhî-je chódäm-rā peidâ kardäm.“

Ân mard û-rā tahsîn kardá, goft: „nūr-e tschäschm-e mán, rāstî wä dorostî-rā hîtsch-waqt[3]) äz dast má-deh, ke rastegārî dar rāstî wä dorostî äst.“

[1]) Hier mit doppeltem „tsch“ geschrieben.
[2]) Sprich: *dombâl-e û.*
[3]) Sprich: *hîtsch-wacht.*

راستی و درستی

مردی در کوچه میرفت دید طفلی روی زمین نشسته پی چیزی میگردد

پرسید چه میکنی طفل جواب داد مادرم یکشاهی بمن داده بود کاغذ بخرم

پولم گم شده . مرد گفت غصه مخور این یکشاهی را بگیر و برو کاغذ

بخر طفل پول را گرفت هنوز مرد چند قدم نرفته بود که دید

بچه دنبال او میدود ایستاد طفل پول را پس داده گفت یکشاهی

خودم را پیدا کردم .

آن مرد او را تحسین کرده گفت نورچشم من راستی و درستی را هیچوقت

از دست مده که رستگاری در راستی و درستی است

Wörterverzeichnis:

rāstî — Wahrhaftigkeit
dorostî — Rechtschaffenheit
kūtschá — Gasse, Straße
dîdän (bîn) — sehen
tefl — Kind
rû-je zämîn — auf der Erde
neschästän (neschîn) — sitzen
pei — Spur; als Präposition: hinter her
tschîz — Sache
pei-je tschîzī — hinter etwas her
schodá — ‚worden' — es fehlt die Kopula *äst.*
goftän (gû) — sagen
ghossá — Gram
gh.chordän (chor) — sich grämen
má-chor = *ná-chor*
bégîr — nimm!
bórou — geh, lauf!
hänûz — noch
qadám — Schritt
ke — (hier:) als; da
donbâl-e û — hinter ihm her
dawîdän (dou) — laufen
gardîdän (gard) — umherstreifen
mîgardäd — (er) sucht
porsîdän (pors) — fragen
dschawâb — Antwort
jäk-schāhî — „Ein-Schahi-Stück", Kupfermünze, heute weniger als einen Pfennig wert
kāgház — Papier
bécharäm — (daß) ich kaufe
pûl — Geld
gom — verloren
īstâdän (îst) — stehen bleiben
pás dādän (deh) — zurückgeben
peidâ kardän (kon) finden
tahsîn kardän — loben
nūr — Licht
tschäschm — Auge
nūr-e tschäschm — ‚Augenlicht', Kosewort für einen Knaben
hîtsch-waqt .. ná — nie
ke — (hier:) denn
rastegārî — Heil
dar — in

Zusage auf eine Einladung

دوستِ عزیز   از دعوتِ سرکار خیلی متشکّر و فردا
(دوشنبهٔ ۱۲ سپتانبر) ساعتِ ۸ خدمتتان شرفیاب خواهم گشت.
خدمتِ خانمِ محترمه سلامهای مرا ابلاغ فرمائید. سلامِ
فراوان دارد

dūst — Freund
'azîz — lieb, teuer
da'wát — Einladung
sarkâr — ,Hochwohlgeboren' = Sie
motaschakkér — dankbar
chedmát-etân — ,Ihren Dienst' = durch meinen Besuch (Dienst) bei Ihnen
scharáf-jâb — ,Ehre-erlangend' = beehrt von
jâftän (jâb) — finden
gáschtän — werden
chedmát — ,Dienst' = an
chânom — Gattin, Frau
mohtaramǻ — verehrt (arab. Adj. femin.)
salâm — Gruß
eblâgh — Übermittlung
farmûdän (farmâ) — geruhen (zu machen)
farāwân — reichlich, in Fülle
dóschambǻ — Montag
sā'át — Uhr
säptânbr = frz. *septembre* (September)

Übersetzung:

Lieber Freund! Für Ihre Einladung bin ich sehr dankbar und werde morgen (Montag, den 12. September) um 8 Uhr mich beehren, Sie aufzusuchen.

Wollen Sie bitte Ihrer verehrten Frau Gemahlin meine Grüße übermitteln.   Viele Grüße   Ihr

Karte an einen Freund

دوستِ عزیزم   از وصولِ کارتِ شما خیلی خوشوقت و

متشکّر شدم . امیدوارم با خوشی و سلامتیِ تمام قریباً مراجعت

فرمائید . البتّه همین قدر که بتهران مراجعت کردید بینده تلفون

خواهید زد. سلامهای قلبیِ خودرا بشما متذکّر میشوم. مخلصِ شما

dūst — Freund
'azîz — lieb
wosûl — Ankunft,Eintreffen Erhalt (nur von Dingen)
kârt — Postkarte (frz. carte)
chosch-wácht — erfreut, froh
motaschakkér — dankbar
omīdwâr-äm — ‚ich bin hoffnungsvoll', ich hoffe
choschî — Wohlsein, Freude, Glück
salāmatî — Heil, Gesundheit
tamâm — vollständig, gänzlich
qarībắn — bald
morādscha'át — Rückkunft
m.kardän oder *m.farmûdän* — zurückkehren (letzteres höflicher)
albattá — gewiß doch, sicherlich
hắmīn-qadr ke — sobald als
be-Tehrân — nach Teheran
telefón zädän — anrufen
salâm — Gruß
qalbî — herzlich
motazakkér — ‚erwähnend'
m.schodän — mitteilen, übermitteln
mochlés — ergeben(er Freund)

Übersetzung:

Mein lieber Freund! Über die Ankunft Ihrer Karte war ich sehr erfreut und dankbar. Ich hoffe, Sie kehren

bald völlig munter und gesund zurück. Sicher werden Sie doch, sobald Sie nach Teheran zurückgekehrt sind, mich anrufen. Ich übermittle Ihnen meine herzlichen Grüße.
Ihr ergebener

Brief von unterwegs an einen Freund

دوستِ عزیزم   این شهر خیلی کسل کننده است ولی
چون برای انجامِ مقصودی مقیم هستم اسبابِ تسلّی است . گمان
میکنم روزِ چهارشنبه در اصفهان باشم . از حالِ خسرو بی خبر
هستم ولی امیدوارم که تا کنون رفعِ کسالتش شده باشد . سلامهای
فراوان دارم وبیش از این زحمت نمیدهم . بندهٔ شما

schahr — Stadt
kasél-konändá́ — langweilig
andschâm — Erledigung
maqsûd — Zweck, Ziel
moqîm — sich aufhaltend, wohnhaft
asbâb — Ursache (arab. pl. von *sabáb)*
tasallî — Trost, Tröstung
gomân kardän — denken, vermuten
tschähâr-schambä — Mittwoch
hâl — Zustand, Befinden
bī chabár — ohne Nachricht
tā kanûn — bis jetzt, unterdessen
raf' — Behebung, Beseitigung
kasālát — Unwohlsein, leichte Erkrankung
farāwân — reichlich, in Fülle
bîsch äz — mehr als
zahmát — Mühe, Bemühung (eines andern)
bändá́ — ‚Sklave', Diener

Übersetzung:

Mein lieber Freund! Diese Stadt ist sehr langweilig, aber da ich mich zur Durchführung eines (bestimmten) Vorhabens (hier) aufhalte, so gewährt das einen Trost. Ich denke, ich bin am Mittwoch in Isfahân. Über das Befinden Chosrous bin ich ohne Nachricht, doch hoffe ich, daß seine Erkrankung unterdessen behoben ist. Viele Grüße! Weiter will ich Sie nicht bemühen (‚Mehr als dieses gebe ich nicht Bemühung'). Ihr ergebener

Glückwunschschreiben

دوستِ محترم كثرتِ مشغله متأسّفانه بنده‌را منيعِ خبری کرده است. البتّه در روزنامجات خوانده ايد که در مسافرت بوده ام.

تبريكاتِ صميمانهٔ خودرا برای ورود طفلی خدمتِ شما و خانمِ محترمتان عرض ميکنم و با کمالِ اشتياق سلامهای خودرا متذکّر ميشوم.

dūst — Freund
mohtarám — verehrt, geehrt
kasrát — Vielheit, Fülle
maschghalá — Beschäftigung
mota'assefānā — leider
bändā-rā — mich
manî' — verhindert, unzugänglich
chabár — Nachricht
albattá — sicher doch

rūznāmädschât — Zeitungen (Einzahl: *rūznāmấ*)
chåndän (chån) — lesen
mosāfarát — Reise
dar mosāfarát — verreist
tabrīkât — Glückwünsche (arab. pl. von *tabrîk)*
samīmānấ — herzlich, aufrichtig
chód — ‚eigen'
worûd — Ankunft
téflī — ein Kind, Baby
chedmất — ‚Dienst' = an, zu
chānom — Frau, Gattin
'arz kardän — unterbreiten
kamâl — Vollkommenheit
eschtijâq — Sehnsucht
salâm — Gruß
motazakkér — ‚erwähnend'
m.schodän — übermitteln, mitteilen

Übersetzung:

Mein verehrter Freund! Die Fülle der Arbeit hat mich leider von einer Nachricht abgehalten. Sicher haben Sie in den Zeitungen gelesen, daß ich verreist war.

Ich entbiete meine aufrichtigen Glückwünsche zur Ankunft eines Babys Ihnen und Ihrer verehrten Gattin und übermittle (Ihnen) in lebhafter (‚vollkommener') Sehnsucht meine Grüße.

Brief an einen erkrankten Freund

دوستِ عزیز   خبرِ کسالتتان مرا خیلی متأسّف نمود.
امیدوارم هرچه زودتر از صحتِ سلامتتان خوشوقت و متشکّر بشوم.
البتّه در روزِ دوشنبه بانتظارتان خواهم بود و امیدوارم تا آنوقت
بکلّی رفعِ نقاهت شده باشد. خدمتِ سرکارِ خانم مراتبِ ارادت

و سلامهای خودرا تقدیم دارم. خسرورا از دور می‌بوسم و با سلامهای

خالصانهٔ خود بانتظارِ دیدارِ شما هستم. مخلصِ شما

chabár — Nachricht, Kunde
kasālā́t — Unwohlsein, leichte Erkrankung
mota'asséf — betrübt, leid
hár-tsche zū̆d-tár — so rasch als möglich
sehhát — Richtigkeit; Gesundheit
salāmā́t — Wohlbefinden
al-battá — gewiß, natürlich, sicherlich
entezâr — Erwarten, Erwartung
tā ân-wacht — bis zu jener Zeit, bis dahin
be-kollî — zur Gänze, gänzlich
raf' — Behebung, Beseitigung, Heilung
naqāhā́t — Genesung; heute meist: Unwohlsein
sarkâr — ‚Hochwohlgeboren'
marātéb — Erweise, Umstände
erādā́t — Ergebenheit, Zuneigung
taqdîm — Übermittlung
t.dāschtän — übermitteln
Chosróu — männlicher Eigenname
äz dûr — aus der Ferne
būsîdän (bûs) — küssen
chālesānā́ — aufrichtig, herzlich
dīdâr — das ‚Sehen', Besuch
mochlés — ergeben(er Freund)

Übersetzung:

Lieber Freund! Die Nachricht von Ihrem Unwohlsein hat mir sehr leid getan. Ich hoffe, daß ich möglichst bald über die Wiederherstellung Ihrer Gesundheit erfreut und dankerfüllt sein kann. Natürlich werde ich Sie am Montag erwarten, und ich hoffe, daß bis dahin Ihre Erkrankung gänzlich behoben sein möge.

Ihrer hochverehrten Frau Gemahlin übermittle ich den Ausdruck meiner Ergebenheit und meine Grüße. Chosrou küsse ich von ferne, und mit meinen aufrichtigen Grüßen verbleibe ich in Erwartung Ihres Besuches

Ihr ergebener

Höflichkeitsbrief

تهران

تاریخ ۲۳/۱۰/۳۷

شماره خصوصی است

دوستِ محترم

امیدوارم جنابعالی و سرکارِ خانم همیشه سلامت و خوش باشید. مدّتی است که از شما صحیح خبری ندارم. خطّی هم زیارت نکرده ام. خیلی اشتیاقِ ملاقاتِ جنابعالی‌را دارم. نمیدانم کی و کجا ممکن خواهد شد. خواهشمندم گاه‌گاهی نامه‌ای مرقوم فرموده از سلامتیِ خودتان و خانم و اطفال بنده و خانم‌را مستحضر و خرسند فرمائید. متشکّر و ممنون خواهم شد.

حالِ بنده و خانم و بچه‌ها بحمد الله خوب است. مخصوصاً خانم بحضرتعالی و خدمتِ سرکارِ علیهٔ خانم سلامِ فراوان دارند. نشانیْ

منزلِ تازهٔ بنده مطابقِ مهری است که در پشتِ پاکت زده است. بآن نشانی جواب مرقوم فرمائید. بیش از این زحمت نمیدهد

ارادتمند

tārîch — Datum; Geschichte

schomārā́ — Nummer

chosūsî — privat

mohtarám — verehrt, geehrt

dschanâb-e ʿālî — ‚Exzellenz' Anrede für hohe und höchste Staatsbeamte, vielfach aber auch im sehr höflichen Privatverkehr gebraucht.

hämīschā́ — immer

salāmā́t — Wohlbefinden, wohlauf

moddát — Zeitraum, eine Zeitlang, lange

sahîh — richtig, genau

chabár — Nachricht

cháttī — eine Zeile

zijārát —, Wallfahrt', Besuch

z.kardän — besuchen, hier = schreiben

eschtijâq — Sehnsucht, Verlangen

molāqât — Begegnung, Treffen

momkén — möglich

chåheschmánd — ‚wünschend, bittend

gāh-gāhî — von Zeit zu Zeit, zuweilen

nāmā́-ī — ein Brief, einen [Brief

marqûm — geschrieben

m. farmûdän — schreiben (höfliche Wendung)

atfâl — Kinder (pl. von *tefl*)

mostahzár — unterrichtet, ins Bild gesetzt

chorsánd — froh, zufrieden

motaschakkér — dankbar

mamnûn — zu Dank verbunden

hâl — Zustand, Befinden

bätschā́ — Kind

be-hamdo'léllāh — Gott sei gelobt, gottlob

machsūsán — besonders, speziell

hazrát-e ʿālî — ‚Hochwohlgeboren', ‚Exzellenz'

sarkâr-e ʿalijjā́ — höfliche Anrede an eine Dame, etwa = ‚Hochwohlgeboren'

dāränd — aus Höflichkeit wird bei der 3. Person die Mehrzahlform statt der Einzahl verwendet (=‚sie hat = übermittelt')

neschānî — Adresse

manzél — Wohnung

tāzā́ — frisch, neu

motābéq — entsprechend

mohr — Siegel, Stempel

dar poscht-e — ‚auf dem Rücken von', hinten

pākā́t — Briefumschlag (frz. *paquet*)

dschawâb — Antwort

erādatmā́nd — ergeben, zugetan

Übersetzung:

Teheran.

Datum: 23. X. (19)37.

Nummer: ist privat.

Verehrter Freund! Ich hoffe, Sie und die gnädige Frau sind immer wohl und gesund. Es ist eine Zeitlang her, daß ich von Ihnen keine rechte Nachricht habe. Eine Zeile habe ich auch nicht geschrieben. Ich habe große Sehnsucht nach einer Begegnung mit Ihnen. Ich weiß nicht, wann und wo sie möglich sein wird. Ich bitte darum, Sie möchten von Zeit zu Zeit einen Brief schreiben (und) mich und meine Frau bezüglich des Wohlbefindens von Ihnen selbst, der Gattin und der Kinder unterrichten und erfreuen. Ich werde sehr dankbar und verbunden sein. Mein und (meiner) Frau und der Kinder Befinden ist gottlob gut. Besonders läßt meine Frau Sie und Ihre Frau Gemahlin vielmals grüßen. Die Adresse meiner neuen Wohnung entspricht dem Stempel, der hinten auf dem Umschlag angebracht ist. An diese Adresse wollen Sie die Antwort schreiben. Weiter bemüht Sie nicht

Ihr ergebener

Persisches Einreise-Visum

ویزا

در کنسولگریٔ شاهنشاهی در برلین دیده شد

آقا / خانم .... مجاز است

برای توقّف / عبور .... از سرحدِ .... واردِ ایران شود

این اجازه از تاریخِ صدور تا سه ماه اعتبار دارد

قیمت بریال .... تاریخ .... نمره ....

wīzâ — Visum
konsūlgarî — Konsulat
schāhänschāhî — großköniglich
dīdā́ schod — ‚wurde gesehen', vidiert
āqâ — Herr
chānom — Frau, Fräulein
modschâz — befugt, berechtigt
berâje — zu, für
tawaqqóf — Aufenthalt
'obûr — Durchreise, Transit
sarhádd — Grenze
wāréd schodän — einreisen, gelangen
wāréd-e Īrân schäwäd — (daß) er nach Iran einreise
edschāzā́ — Genehmigung, Erlaubnis
tārîch — Datum

sodûr — Ausstellung (einer Urkunde)
tā — bis
sé mâh — drei Monate
e'tebâr — Gültigkeit
qeimát — Preis, Betrag
be-rijâl — in Rial
nomrá — Nummer

Bescheinigung

وزارت فرهنگ

اداره فرهنگ فارس

دائره ....

بدین وسیله به مستحفظین و سرایداران ابنیه تاریخی اطلاع داده میشود که آقای پروفسور والترهنتیس اجازه دارند در ابنیه تاریخی مطالعات نموده و عکس برداری نمایند .—

رئیس اداره فرهنگ فارس

wezārát — Ministerium
farháng — Kultus; Wörterbuch
edārá — Verwaltung
dājerá — Abteilung
bedîn = be-în — auf diesem
wasīlá — Weg, Mittel, Gelegenheit

mostahfezîn — (arab.-pers. pl. von *mostahféz)* Hüter, Wächter

sarāj-dâr — ‚Hauswart‘, Aufseher, Wächter

abnijắ — (arab. pl. von *benâ)* Gebäude

tārīchî — historisch, geschichtlich

ettelâʿ — Kenntnis, Mitteilung [Erlaubnis

edschāzắ — Genehmigung,

motālaʿât — Studien, Forschungen

m. nämûdän — Studien treiben, forschen

ʿaks-bárdārî — Fotografieren

raʾîs — Chef, Direktor

Übersetzung:

Kultusministerium

Kultusverwaltung von Fārs

Abteilung....

Auf diesem Wege wird den Hütern und Aufsehern von historischen Gebäuden mitgeteilt, daß Herr Professor W. H. die Genehmigung besitzt, in historischen Gebäuden Studien zu treiben und zu fotografieren.

Der Direktor der Kultusverwaltung von Fārs:

(Stempel und Unterschrift)

Auf dem Stempel steht: *edārắ-je maʿāréf wä ouqâf-e Fārs* = „Verwaltung des Kultus und der (geistlichen) Stiftungen von Fārs."

Vordruck einer Fotografier-Genehmigung

Vorderseite:

مدل — ۱۹۳		(Lichtbild)
شمارهٔ..........	(Wappen)	
تاریخ..........ماه ۱۳	وزارتِ داخله	
	ادارهٔ کلِّ شهربانی	

صاحبِ عکسِ ملصقه.......... نامِ خانوادگی.......... تبعه..........

شغل.......... دارنده.......... شمارهٔ.......... فرستادهٔ از.......... مجاز

است طبقِ مقرّراتِ عکس برداری با دوربینِ عکّاسیٔ مارکِ..........

شمارهٔ.......... اندازهٔ.......... × .... از نقاطِ غیرممنوعه عکس

برداری نماید

محلِّ امضا

(Stempel)

Rückseite:

فصلِ سوّم — ممنوعات

مادّهٔ ۱۰ — فیلم‌برداری — عکس‌برداری — نقّاشی — طرّاحی از قلاع و استحکامات و مواقع و بنگاه‌های ارتشی و متعلّقاتِ آن مطلقا ممنوع است.

مادّهٔ ۱۱ — فیلم‌برداری — عکس‌برداری — نقّاشی — طرّاحی از آنچه بر خلافِ مصالح و حیثیاتِ شئونِ کشوری است مطلقا ممنوع است.

مادّهٔ ۱۲ — فیلم‌برداری — عکس‌برداری — نقّاشی — طرّاحی — بوسیلهٔ هواپیما موکول باجازهٔ مخصوصِ هیئتِ وزراء است.

مادّهٔ ۱۳ — فقط نسبت بمأمورینِ سیاسیِ خارجی صدورِ پروانه منوط بتقاضای رئیسِ مأموریتِ سیاسی از مجرای وزارتِ خارجه خواهد بود.

تبصره — متخلفین از مقرّراتِ این آئین نامه طبقِ مادّهٔ ۲۸۶ قانونِ مجازاتِ عمومی تعقیب خواهند شد.

modèl — Formular (frz. *modèle)*
schomārá — Nummer
tārîch — Datum; Geschichte
mâh — Monat
wezārát — Ministerium
dāchelá — ‚Inneres' (arab. Adj. fem.)
edārá — Verwaltung, Behörde
koll — gesamt, oberst
schähr-bānî — Polizei
sāhéb — Besitzer, Eigentümer, Inhaber
'aks — Lichtbild, Fotografie
molsaqá — aufgeklebt (arab. Adj. fem., masc. Form lautet: *molsáq)*
nâm — Name
chānewādägî — Familie
tab'á — Untertan, Staatsangehöriger
schoghl — Beruf
dārändá — ‚Besitzender', Inhaber
ferestādá'ī — ausgestellt (wörtlich: ‚ausgesandt')
modschâz — ermächtigt, berechtigt, befugt
tebq — Übereinstimmung; gemäß
moqarrarât — Bestimmungen (arab. pl.)
'aks-bárdārî — das Fotografieren
dūr-bîn — Fernrohr
dūr-bîn-e 'akkāsî — Fotoapparat, Kamera
mārk — Marke (frz. *marque)*
andāzá — Größe, Format
× (lies: *martabá)* — ‚mal'
noqât — Punkte, Örtlichkeiten (arab. pl. von *noqtá*)
ghéir-mamnū'á — nichtverboten (arab. Adj. fem.)
mamnū' — verboten
maháll — Örtlichkeit, Stätte, Ort
emzâ — Unterschrift
fasl — Abschnitt, Kapitel
mamnū'ât — Verbote (arab. pl.)
māddá — Absatz, Paragraph
fîlm-bárdārî — das Filmen
naqqāschî — das Malen
tarrāhî — das Zeichnen
qelâ — Festungen, Forts (arab. pl. von *qal'á)*
estehkāmât — Befestigungen (arab. pl. von *estehkâm)*
mawāqé' — Örtlichkeiten (arab. pl. von *mouqé')*

bon-gâh — Einrichtung; Institut(ion)
arteschî — militärisch
mota'alleqât — Dependancen, dazugehörige Anlagen (arab. pl. von *mota'alleqá*)
motlaqán — unbedingt, absolut
bar chelâf-e — in Widerspruch zu
masāléh — Interessen (arab. pl. von *maslahát*)
heisijjât — Prestige (arab. pl. von *heisijját*)
scho'ûn — Würde (arab. pl. von *scha'n*)
keschwarî — national
be-wasīlá-je — vermittelst, mit Hilfe von
hawā-peimâ — Flugzeug
moukûl be- — abhängig von
edschāzá — Genehmigung
machsûs — speziell, Sonder-
hei'át — Stab, Gremium
wozarâ' — ‚Wesire', Minister (arab. pl. von *wazîr*)
hei'át-e wozarâ' — Kabinett, Ministerrat
faqát — nur
nesbát be- — mit Bezug auf
ma'mūrîn — Beamte (arab.-pers. pl. von *ma'mûr*)
sijāsî — politisch, diplomatisch
chāredschî — auswärtig, fremdländisch
sodûr — Ausstellung, Ausfertigung
parwāná — Ausweis, Bescheinigung
manût be- — abhängend von, auf Grund von
taqāzâ — Antrag, Gesuch
ra'îs — Chef, Direktor
ma'mūrijját — (ausländische) Mission, Delegation
madschrâ — Kanal
äz madschrâ-je — auf dem Wege über
chāredschá — ‚Äußeres' (arab. Adj. fem.)
tabserá — Anmerkung, Vermerk
motachallefîn — die ‚Widersetzlichen', Übertretenden (arab.-pers. pl. von *motachalléf*)
ā'în-nāmá — Verordnung, Erlaß
qānûn — Gesetz
modschāzât — Strafe

qānûn-e modschāzât — Strafgesetzbuch

ʻomūmî — allgemein

taʻqîb — Verfolgung

Übersetzung:

(Vorderseite)

Formblatt 193.

Nr.: ....

Datum: ..... Monat .... 13..[1])

Innenministerium

Oberste Polizei-Behörde

Der Inhaber des aufgeklebten Lichtbildes ...... Zuname: ....., ...er Staatsangehöriger, von Beruf: ....., im Besitze eines ..... mit der Nummer ....., ausgestellt vom ....., ist befugt, gemäß den Fotografier-Bestimmungen mit einer Kamera Marke ..... Nr. ......, Format ... × ..., von nicht verbotenen Örtlichkeiten Aufnahmen zu machen.

Platz für die Unterschrift:

(Rückseite)

Dritter Abschnitt. — Verbote

Absatz 10. — Das Filmen, Fotografieren, Malen (oder) Abzeichnen von Forts und Befestigungen (sowie) von militärischen Plätzen und Einrichtungen und von den dazugehörigen Anlagen ist strengstens verboten.

[1]) Vgl. zur persischen Zeitrechnung S. 229—30.

Absatz 11. — Das Filmen, Fotografieren, Malen (oder) Abzeichnen dessen, was in Widerspruch zu den nationalen Interessen und (dem nationalen) Prestige und Ansehen steht, ist strengstens verboten.

Absatz 12. — Das Filmen, Fotografieren, Malen (oder) Zeichnen vom Flugzeug aus ist von einer Sondergenehmigung des Ministerrates abhängig.

Absatz 13. — Nur bezüglich der auswärtigen diplomatischen Beamten hängt die Ausfertigung der (Fotografier-) Bescheinigung ab von einem Antrag des Chefs der diplomatischen Mission auf dem Wege über das Ministerium des Auswärtigen.

Anmerkung: Die den Bestimmungen dieser Verordnung Zuwiderhandelnden werden gemäß Absatz 286 des Allgemeinen Strafgesetzbuches verfolgt werden.

VI

Zeitrechnung, Währung, Maße und Gewichte

Durch Gesetz vom 31. März 1925 wurde in Iran folgender Kalender eingeführt:

Das persische Jahr ist ein Sonnenjahr und beginnt jeweils am 21. März (Frühlingsanfang). Dieser Tag heißt *Nourûz* نوروز (‚Neujahrstag'). Das Jahr 1 ist gemäß allgemeiner islāmischer Zeitrechnung das Jahr der *Hedschra* هجره, d. h. der Auswanderung des Propheten Mohammad von Mekka nach Medina (622 n. Zw.). Die Umrechnung eines persischen Jahres erfolgt durch Hinzuzählung von 621 (für Daten zwischen 21. März und 31. Dezember) bezw. 622 (für Daten zwischen 1. Januar und 20. März). Das persische Jahr 1321 entspricht somit unserem Rechnungsjahr 1942/43.

Von den zwölf Monaten eines persischen Jahres haben die ersten sechs je 31 Tage, die folgenden fünf je 30 Tage, und der letzte 29 (in Schaltjahren 30) Tage. Die Monatsnamen lauten:

فروردین *Farwardîn*...... (21. III.—20. IV.)
اردیبهشت *Ordībehéscht* .... (21. IV.—21. V.)
خرداد *Chordâd*........ (22. V.—21. VI.)

تیر	*Tîr*	(22. VI.—22. VII.)
مرداد	*Mordâd*	(23. VII.—22. VIII.)
شهریور	*Schahrīwár* ...	(23. VIII.—22. IX.)
مهر	*Méhr*	(23. IX.—22. X.)
آبان	*Ābân*	(23. X.—21. XI.)
آذر	*Āsár*	(22. XI.—21. XII.)
دی	*Déj*	(22. XII.—20. I.)
بهمن	*Bahmán*	(21. I.—19. II.)
اسفند	*Esfánd*	(20. II.—20. III.)

Früher rechnete Iran nach dem islāmischen Mondjahr zu 354 bezw. 355 Tagen. Dieser Kalender blieb alle 33 Jahre um ein Jahr gegenüber unsrer Zeitrechnung zurück. Das Jahr 1942 n. Zw. entspricht dem Jahr 1361 der Hedschra. Der islāmische Kalender spielt auch heute noch eine Rolle für die Einhaltung der Fastenzeit (während des Monats *Ramazân* رمضان) und der religiösen Feiertage.

Grundlage der persischen Währung ist der *Pahlawî* پهلوی = 1 Goldpfund Sterling. Der *Pahlawî* wiegt 8,135 g und enthält 7,322 g Feingold; doch wurden nur wenige Stücke davon geprägt.

Münzeinheit ist der Rial (*Rījâl* ریال), wofür oft noch der frühere Ausdruck *Qerân* قران (gesprochen: *Qarân*) gebräuchlich ist.

1 *Rial* oder *Qerân*	=	20 *Schāhî* شاهی	=	100 *Dīnâr* دينار
10 *Rial*	=	1 *Tomân*		

Vor der Abdankung Rezâ Schahs (16. September 1941) galt der *Tomân* Mk. 1.46, der *Rial* somit 14,6 Pfennig). Inzwischen ist die persische Währung stark im Wert gesunken.

Seit Januar 1933 ist in Iran zwar das metrische System amtlich eingeführt, doch bestehen die früheren einheimischen Maße und Gewichte vielfach noch fort.

1 *geréh* گره (‚Knoten‘)	=	6,5 cm
1 *zar‘* ذرع (Elle)	=	104,0 cm (= 16 *geréh)*
1 *farsách* فرسخ (Parasange)	=	6240 m (= eine Wegstunde)
1 *nochod* نخود (‚Erbse‘)	=	0,19 g
1 *mesqâl* مثقال	=	4,68 g
1 *sîr* سير	=	75,0 g (= 16 *mesqâl)*
1 *tschārắk* چارك	=	750,0 g (= 10 *sîr)*
1 *man-e Tabrîz* من تبريز	=	3 kg
1 *man-e schâh* من شاه	=	6 kg
1 *pûd* پود	=	16 kg = 4 engl. Gallonen (Benzinmaß)
1 *charwâr* خروار (‚Eselslast‘)	=	300 kg.

VII

Verzeichnis der wichtigsten persischen Wörter

Vorbemerkung:

Die nachfolgende Zusammenstellung von über 2100 der wichtigsten persischen Wörter verzichtet aus Raumgründen auf die arabische Schrift. Um trotzdem die persische Rechtschreibung kenntlich zu machen, wurden Laute gleicher Aussprache aber verschiedener Schreibweise in der Umschrift durch sogenannte diakritische Punkte bzw. Striche unterschieden. Diesen in der Wissenschaft gebräuchlichen Zeichen kommt für die Aussprache keinerlei Bedeutung zu, d. h. *ż* oder *ẕ* sind genau wie das einfache *z* auszusprechen, nämlich als weiches stimmhaftes *s*; und *ṣ* oder *s̱* sind genau wie einfaches *s* (deutsches ss) auszusprechen, usf. Die mit diakritischen Zeichen versehenen lateinischen Buchstaben bedeuten (vgl. auch die Liste der arabischen Buchstaben auf S. 6—7, wo unter der Spalte „Aussprache“ in eckigen Klammern die Zeichen der wissenschaftlichen Umschrift angegeben wurden):

ḥ = ح (dagegen einfaches *h* = ه);

ṣ = ص; *s̱* = ث (dagegen einfaches *s* = س);

ṭ = ط (dagegen einfaches *t* = ت);

ż = ض; *ẓ* = ظ; *ẕ* = ذ (dagegen einfaches *z* = ز).

Die Bedeutung der übrigen Buchstaben bezw. Buchstabengruppen ist aus der eben genannten Liste der arabischen Buchstaben auf S. 5—7 zu ersehen, bezw. aus dem dort folgenden Abschnitt ‚Besonderheiten'. Durch *ŏ* wird ein in der Aussprache kurzer *o*-Laut bezeichnet, der jedoch in der arabischen Schrift durch das Zeichen و (= *ū*) wiedergegeben wird (sogenannte Vollschreibung).

Bei Berücksichtigung dieser Bemerkungen ist es somit möglich, jedes in Umschrift gegebene persische Wort des nachfolgenden Verzeichnisses in die arabische Urschrift zu übertragen.

Aas — *lāschắ*
Abend — *sar-e schắb, ghorûb, schäb*
Abendessen — *schâm*
abends — *waqt-e schâm* (sprich: *wacht-e schâm*)
aber — *ámmā; wálī*
abfahren — *harakát kardän (kon)*
Abfahrt — *ḥarakát, ʻazīmát*
Abhang — *naschîb, part-gâh*
abkochen (Wasser) — *dschūschānîdän (dschūschân)*
abladen — *bīrûn kardän (kon)*
abliefern — *sepordän (sepâr), taslîm kardän (kon)*
Abort — *āb-dast-chānắ, mabâl, mostarâḥ*
abschneiden — *borîdän (bor)*
Abschnitt — *faṣl*
abschreiben — *sawâd bárdāschtän (bárdār)*
Abschrift — *rū-newéscht, sawâd*
Absender — *fereständắ*
Absicht — *qaṣd*
absteigen — *pā'în schodän (schou)*
Absturz — *soqûṭ*
Abteilung (Behörde) — *dājerắ*
abtrocknen — *choschk kardän (kon)*
Abwehr — *modāfaʻắ*

abwesend — *ghājéb*
Achse — *meḥwár*
Achsel(höhle) — *baghál*
Achtung — *eḥterâm* (= Hochachtung); *deqqát* (= Aufmerken); *chabár!*
Ackerland — *zerāʿát*
Ader — *rắg*
Adresse — *ādrès, neschānî*
ähnlich — *schabîh*
Aehre — *chūschắ*
Aktentasche — *kîf-e baghalî*
Akzent (Sprechweise) — *lahdschắ*
alle (Leute) — *hämắ käs*
Allee — *chijābân*
allein — *tänhâ*
alles — *hämắ tschîz*
allgemein — *ʿâmm*
allmählich — *käm käm; raftắ raftắ*
als — (zeitlich:) *tschŏn;* (Vergleich:) *äz*
alt — (von Sachen:) *kohnắ;* (von Menschen:) *pîr*
Alter — (neutral:) *sénn*; (hohes Alter:) *pīrî*
Altertumskunde — *bāstān-schenāsî*
Amboß — *sendân*
Ameise — *mûr, mūrtschắ*
Amt (= Behörde) — *edārắ*
anbieten — *taqdîm kardän (kon)*
anbinden — *bastän (bänd)*
anbringen — *naṣb kardắn (kon)*
ändern — *taghjîr dādän (deh)*
ander(s) — *dīgắr*
Anfang — *schorûʿ*
anfangen — *schorûʿ kardän (kon)*
Angestellter — *mostachdém*
angreifen — *ḥamlắ kardän (kon)*
Angriff — *ḥamlắ*
Angst — *tars, bîm*
Anhöhe — *täppắ*
Anker — *längár*
ankern — *längár andâchtän (andâz)*
ankommen — *rasîdän (ras), wāréd schodän (schou)*
Ankunft — (von Personen:) *worûd;* (von Sachen:) *woṣûl*
annehmen — *qabûl kardän (kon);* (= vermuten:) *gomân kardän, chijâl kardän*
Anstellung — *estechdâm*
anstrengen, sich — *kūschésch kardän (kon)*

Anstrengung — *kūschésch*
Anteil — *qesmát*
Antenne — *āntén*
Antrag — *taqāżâ*
Antwort — *dschawâb*, *pāsóch*
antworten — *dschawâb dādän (deh)*
anwenden — *be-kâr bordän (bar)*
anziehen, sich — *lebâs pūschîdän (pûsch)*
Apfel — *sîb*
Apfelsine — *portoqâl*
Apotheke — *dawā-chānắ*
Aprikose — *qeisî*, *zardālû*
Arbeit — *kâr*
arbeiten — *kâr kardän (kon)*
Arbeiter — *'amalắ*, *kārgár*
arbeitslos — *bī-kâr*
Archäologe — *bāstān-schenâs*
arm — *faqîr*
Arm — *bāzû*
Armband — *dastbánd*
Ärmel — *āstîn*
Armee — *qoschûn*
Art (Sorte) — *qesm*, *dschûr*
Artillerie — *tūpchānắ*
Arznei — *dawâ*
Arzt — *doktór*, *ṭabîb*, *pezéschk*

Asche — *chākestár*
Aschenbecher — *zīr-sīgâr*
Ast — *schâch*
Atem — *dắm*, *nafás*
Aubergine (Eierfrucht) — *bādendschân*
auch — *häm*, *nîz*
auf — *bar*, *rû-je*; (=offen:) *bâz*
Aufenthalt — *tawaqqóf*
aufgeben (= verlassen) — *tark kardän (kon)*
aufheben — *bár-dāschtän (bár-dâr)*
Aufmerksamkeit — *tawaddschóh* (mit Doppel-„*dsch*" geschrieben)
aufpumpen — *tolombắ zädän (zän)*
Aufsicht — *taftîsch*
aufsitzen — *sawâr schodän (schou)*
aufstehen — *bár-chāstän (bár-chīz)*, *bolánd schodän (schou)*
aufwachen — *bīdâr schodän (schou)*
aufwecken — *bīdâr kardän (kon)*
Auge — *tschắschm*
Augenblick — *laḥẓắ*
ausatmen — *däm bár-āwardän (bár-āwar)*

ausbessern — *marammàt kardän (kon), ta'mîr kardän*
Ausgabe — *chardsch*
Ausgang — *maḥall-e-chorûdsch*
ausgeben — *chardsch kardän (kon)*
ausgehen — *bīrûn raftän (rou)*
ausgezeichnet — *'ālî*
Ausland — *chāredschá*
ausplündern — *lócht kardän (kon)*
Ausrüstung — *tadschhīzât*
ausschalten — *chāmûsch kardän (kon)*
außerhalb — *bīrûn-e*
Aussprache — *talaffóẓ*
Ausweis — *sedschéll, nām-o-neschân, schenās-nāmá*
Auto — *māschîn, otomobîl*
offen — *rūbâz*
geschlossen — *rūbastá*
Axt — *tabár*

Bach — *dschûj*
backen — *póchtän (päz)*
Bäcker — *nānwâ*
Backofen — *tannûr*
Backstein — *ādschór*
Bad — (Gebäude oder Raum:) *ḥammâm;* (warmes Bad:) *garmābá*
Badeanzug — *lebās-e schenóu*
baden, sich — *esteḥmâm kardän (kon)*
Balken — *tîr*
Banane — *móuz*
Band — *nawâr*
Bank — *nīmkát*
Bank(institut) — *bānk* (frz. *banque)*
Bär — *chérs*
Barbier — *dallâk, salmānî*
Bargeld — *pūl-e náqd*
Bart — (Backenbart:) *rîsch;* (Schnurrbart:) *sebîl*
Bau — *sāchtemân, benâ*
Bauch — *schekám*
Bauchbinde — *schekámbänd*
bauen — *benâ kardän (kon)*
Bauer — *ra'ijját*
Bauernhof — *mazra'á*
Baum — *deracht*
Baumaterial — *maṣāleḥ-e benâ*
Baumeister — *ostâd bannâ*
Baumwolle — *pämbá* (geschrieben: *pänbá)*
Beamter — *ma'mûr*
Becher — *pijālá*

Becken (großes) — *lägắn*
bedauern — *afsûs chŏ́rdän (chŏ́r)*
bedeuten — *ma'nî dāschtän (dâr)*
Bedeutung — *ma'nî*
Bedingung — *schart̩*
beerdigen — *dafn kardän (kon)*
Beerdigung — *dafn*
Befehl — *amr, ḥokm*
befehlen — *ḥokm kardän (kon)*
Befestigung — *esteḥkâm*
Befinden — *mezâdsch, aḥwâl*
befreien — *rehâ kardän (kon)*
begleiten — *hämrâh raftän (rou)*
bei (= nahe bei) — *dắm-e*
beide — *har dŏ*
Beil — *tabár*
Bein — *pâ*
Beispiel — *masál*
beispielsweise — *maṣalắn*
beißen — *gâz geréftän (gîr), gäzîdän (gäz)*
bekannt — *ma'lûm*
Bekannter — *āschnâ*
Bekanntmachung — *e'lân*
bekommen — *geréftän (gîr)*
Belagerung — *moḥāsarắ*

benachrichtigen — *chabár dâdän (deh)*
Benzin — *benzîn*
Benzinkanister — *pît-e benzîn*
bequem — *rāḥắt*
bereit — *ḥāżér*
Berg — *kûh*
bergig — *kūhestānî*
Bergwerk — *ma'dắn*
Bericht — *rāpûrt, ettelâ'*
Beruf — *schóghl*
berühmt — *maschhûr*
berühren — *dást zädän (zän), lams kardän (kon)*
bescheiden — *scharmrû*
Beschießung — *tīr-andāzî-je tūpchānắ*
beschimpfen — *fóḥsch dâdän (deh)*
beschlagen (Pferd) — *na'l bastän (bänd)*
beschleunigen — *ta'dschîl kardän (kon)*
beschreiben — *waṣf kardän*
Beschreibung — *waṣf*
beschützen — *ḥemājắt kardän (kon)*
Beschwerde — *schekājắt* (= Reklamation)
beschweren, sich — *schekājắt kardän* (über = *äz*)

beseitigen — *bar ṭaráf kardän (kon)*
Besen — *dschārûb*
besetzen — *eschghâl kardän (kon)*
besiegt — *maghlûb*
Besitz — *taṣarróf*
besitzen — *dâschtän (dâr)*
Besitzer — *ṣāḥéb*
besonders — *choṣūṣắn*
besser — *behtár*
Bestechungsgeld — *reschwắ*
bestimmt — *ḥatm^än^; bī schäkk* (= ohne Zweifel)
bestrafen — *modschāzât kardän (kon)*
Betrag — *meqdâr, mablágh*
Betragen — *raftâr*
Betrug — *ferîb*
betrügen — *ferîb dādän* (jm. = *be-)*
betrunken — *mast*
Bett(gestell) — *tacht-e chåb*
Bett(zeug) — *racht-e chåb*
Bettuch — *malāfắ*
Bettelei — *gadā'î*
Bettler — *gadâ*
Beute — *ghanīmắt*
Beutel — *kīsắ*
bewegen, sich — *ḥarakát kardän (kon)*
Bewegung — *ḥarakát*
bezahlen — *pûl dâdän (deh)*
Bezirk — *nāḥijắ*
Bibliothek — *ketāb-chānắ*
biegen — *pītschîdän (pîtsch), chắm kardän (kon)*
Bier — *āb-e dschóu* (‚Gerstenwasser')
Bilanz — *tarâz*
Bild — *taṣwîr, naqsch*
Bildfunk — *'aks bā bī-sîm*
Bildnis — *tamsâl*
billig — *arzân*
Binde — *bänd, nawâr*
binden — *bastän (bänd)*
Bindfaden — *rīsmân*
Birne — *golābî;* (elektrische B.): *lâmp*
bis (daß) — *tâ be*
Biskuit — *nān-e schīrîn*
bißchen, ein — *jäk qádrī, jäk kắmī*
bitte! — *béfarmājīd; lotf^än^*
Bitte — *chåhésch, eltemâs*
bitten — *chåhésch kardän (kon)*
bitter — *talch*
Blatt — *waráq*
blau — *ābî, nīlî*
Blech — *ḥalabî*
Blei — *sorb*
bleiben — *mândän (mân)*
bleich — *räng parīdắ*

Bleistift — *medâd*
blind — *kûr*
Blitz — *barq*
Blume — *gol*
Blumengarten — *golestân*
Blumenkohl — *kälám-e gol*
Blut — *chûn*
bluten — *chûn āmädän (âj)*
Blüte — *schegūfá*
Boden — (= Fußboden:) *zämîn;* (= Grund, z. B. eines Gefäßes:) *táh*
Bohnen — *lūbijâ*
Bohrer — *barmá*
Bombe — *bomb*
Bombenangriff — *bombārân*
Boot — *qā'éq, balám* (letzteres = Nachen)
Botschafter — *safîr-e kabîr*
braten — *sórch kardän*
Braten — *gūscht-e sorch kardá*
Bratpfanne — *māhī-tāwá*
Bratspieß — *sîch*
brauchen — *lāzém dāschtän (dâr)*
braun — *qahwä'î*
brechen — *schekástän (schekán)*
breit — *'arîż, pahn*
Breite — *pahnâ*
Bremse — *tormóz*
Handbremse — *tormóz-e dastî*
Fußbremse — *tormóz-e pā'î*
bremsen — *tormóz kardän (kon)*
brennen — *sûchtän (sûz)*
Brennholz — *hīzóm*
Brett — *tachtá*
Brief — *kāgház, nāmá*
Briefkasten — *ṣandûq-e póst*
Briefmarke *tembr* (frz. *timbre)*
Briefumschlag — *pākét* (frz. *paquet)*
Brille — *'einák*
bringen — *āwardän (âr, āwar)*
Brot — *nân* (meist *nun* gesprochen)
Brücke — *pol*
Holzbrücke — *pol-e tschūbî*
Steinbrücke — *pol-e sängî*
Eisenbrücke — *pol-e āhänî*
Betonbrücke — *pol-e sīmānî*
Bruder — *barādár*

Brunnen — *tschâh* (Schöpfbrunnen)
Brunnenbecken — *ḥóuż*
Brust — (des Mannes:) *sīnā́;* (des Weibes:) *pestân*
Buch — *ketâb*
Buchbinder — *ṣaḥḥâf*
Buchdrucker — *tschāptschî*
Buchhändler — *ketāb-forûsch*
Buchhaltung — *ḥesāb-dārî, daftar-dārî*
Buchstabe — *ḥarf*
bucklig — *kūz-póscht*
Büffel — *gâw-e mîsch*
Buffetschrank — *gandschā́*
bügeln — *oṭû kardän (kon)*
Bunker — *moużé'-e mostaḥkám*
Burg — *ark*
Bürgermeister — *schahrdâr*
Büro — *daftár*
Bürste — *māhūt-ṣāf-kon*
Butter — *karā́*
Butterdose — *karā́-dân*
Buttermilch — *dûgh*

Chef — *ra'îs*
Chinin — *genā́-genā́*
Cholera — *wabâ*
Christ — *masīḥî*

Dach — *bâm, poscht-e bâm*
dafür — *berâje ân*
damals — *ân-waqt* (sprich: *ân-wacht)*
Dame — *chānóm*
damit (= auf daß) — *tâ*
Damm — *bänd, sadd*
Dämmerung (morgens) — *fadschr*
Dampf — *bochâr*
Dampfer — *käschtî-je bochâr*
dankbar — *motaschakkér, mamnûn*
danken — *taschakkór kardän (kon)*
daß — *ké*
Dattel — *chormâ*
Dattelpalme — *derácht-e chormâ, nachl*
Datum — *tārîch*
Dauer — *dawâm*
dauern — *ṭûl keschîdän (kesch)*
Decke — (Zimmerdecke:) *saqf;* (zum Zudecken:) *patû*
Deckung (eines Kontos) — *poschtwānā́*
Defizit — *käm-būd*
Deichsel — *mālbā́nd*
denken — (= vermuten:) *gomân kardän (kon);* (= sich einbilden:) *chijâl kardän*
Denkmal — *as̱ár*

Depot — *ambâr* (geschrieben: *anbâr)*
denn — *tschŏn-ke*
deutsch — *ālmānî*
Deutscher — *ālmānî*
Deutschland — *ālmân*
Devisen — *arz, as'âr*
Diamant — *almâs*
Diarrhoe — *eshâl*
dicht — *seft, anbûh*
Dichter — *schā'ér*
dick — *kolóft, żachîm*
Dieb — *dozd*
Diebstahl — *dozdî*
Diener — *noukár*
Dienst — *chedmát*
Dienstmädchen — *kolfát*
Dienstag — *séschambä́* (geschrieben: *séschanbä́)*
dieser (-e, -es) — *în*
diplomatisch — *sijāsî*
direkt — *mostaqîm, râst*
Direktor — *ra'îs, modîr*
doch! — *tschérā!*
Docht — *fatīlá*
dolmetschen — *tardschomá kardän (kon)*
Dolmetscher — *motardschém*
Donner — *ra'd*
Donnerstag — *pändschambá* (geschrieben: *pändschschanbá)*

Dorf — *déh*
Dorn — *châr*
dort — *ândschā*
von dort — *äz ândschā*
Dossier — *parwandá*
Draht — *sîm*
Drohung — *tahdîd*
Druck (phys.) — *feschâr*
Druckerei — *tschāp-chāná*
Druckerpresse — *maṭba'á, tschâp*
dumm — *aḥmáq*
Dummheit — *aḥmaqî*
dunkel — *tārîk*
Dunkelkammer — *tārîk-chāná*
dünn — *bārîk, nāzók*
Durchfall — *eshâl*
Dürre — *choschkî; qaḥṭ* (= Hungersnot)
Durst — *teschnägî*
durstig — *teschná*
Dysenterie — *eshāl-e chūnî*

Ebene — *dascht*
Ecke — *gūschá*
edel — *scharîf*
Edelstein — *dschouhár*
Egoist — *chŏdgharáż*
ehrlich — *dorost-kâr*
Ei — *tochm-e mórgh*
Eierbecher — *tochm-e mórghdân*

Eiche — *ballûṭ*
Eigenschaft — *ṣefát*
Eile — *'adschälắ*
Eilgut — *bār-keschî-je tónd*
eilen — *'adschalắ kardän (kon)*
Eimer — *dalw*
einatmen — *däm forû bordän (bar)*
Einband — *dschéld*
einfach — *sādắ*
Eingang — *maḥall-e dochûl*
eingebildet — *chŏd-päsắnd*
einige — *tschänd*
Einladung — *da'wát*
einnehmen (besetzen) — *eschghâl kardän (kon)*
einschalten — *etteṣâl dādän (deh)*
einschenken — *rîchtän (rîz)*
einschlafen — *chåb raftän (rou)*
Einschreiben — *sefāreschî*
einsperren — *ḥabs kardän (kon)*
einstellen (Foto) — *mīzân kardän (kon)*
eintreten — *dāchél schodän (schou)*
Einwohnerschaft — *ahl*
Einzahlung — *pardâcht*

Eis — *jach;* (= Gefrorenes: *bastanî)*
Eisen — *āhắn*
Eisenbahn — *rāh-āhắn*
Eisenbahnwagen — *wāgûn*
Eisschrank — *jach-dân*
elektrisch — *barqî*
Elektrizität — *barq*
Empfang — *paẕīrā'î;* (Radio): *dárjāft*
empfangen — *paẕīroftän (paẕīr);* (am Rundfunk): *dárjāft kardän (kon)*
empfehlen — *sefārésch kardän (kon)*
Empfehlungsschreiben — *sefārésch-nāmå*
Ende — *pājân, āchér*
enden — *tamâm schodän (schou)*
eng — *täng*
England — *englestân*
englisch — *englīsî*
entdecken — *peidâ kardän (kon)*
Ente — *ordắk, morghābî*
Entfernung — *masāfát*
Enthaltsamkeit — *parhîz*
entschuldigen — *bachschîdän (bachsch)*
entschuldigen, sich — *'oẕr chåstän (chåh)*

Entschuldigung — *'ozr*
entwickeln (Foto) — *zāhér kardän (kon)*
Entwickler — *dawâ-je zohûr*
Erbsen — *nochód*
Erdbeere — *tūt-e ferängî* (,fränkische Maulbeere')
Erde — *zämîn* (= Boden); *châk* (= Erde als Stoff)
Erdöl — *naft*
Erdung — *etteṣâl be-zämîn*
Erholung — *tafrîḥ*
erkälten, sich — *sarmâ chŏrdän (chŏr)*
Erkältung — *zokâm*
Erkundung — *tadschassós*
erlauben — *ezn dâdän (deh)*
Erlaubnis — *ezn, edschāzắ*
erledigen — *andschâm dādän (deh)*
Ernte — *maḥṣûl*
ernten (= abmähen) — *deróu kardän (kon)*
erobern — *ghalabắ kardän (kon)*
Ersatzrad — *tscharch-e jadakî*
erwachsen — *bālégh*
erwarten — *montazére-e ... būdän*
Erziehung — *tarbiját*

Esel — *olâgh; chár* (letzteres verächtlich)
essen — *chŏrdän (chŏr)*
Essig — *serkắ*
Essigfrüchte — *torschî*
Eßzimmer — *sofrắ-chānắ*
etwas — *tschîzī*
exerzieren — *maschq kardän (kon)*
explodieren — *monfadschér schodän (schou)*
Explosion — *enfedschâr*
Ewigkeit — *abád* (ohne Ende)

Fabrik — *kārchānắ*
Fächer — *bādbézän*
Faden — *reschtắ*
Fahne — *'alám*
fahren — *rândän (rân)* (meist mit *raftän*, ,gehen' wiedergegeben)
Fahrer — *rānändắ*
Fahrkarte — *belîṭ*
Fahrrad — *dŏ-tcharchắ*
Fahrzeug — *arrābắ*
fallen — *oftâdän (oft)*
falsch — *ghalát, eschtebâh*
falten — *tā kardän (kon)*
Familie — *chānewādắ, chāndân*
fangen — *geréftän (gîr)*

Farbfilm — *fīlm-e rängî*
Farbe — *räng*
Farbenfotographie — *'akkāsî-je rängî*
Färber — *rängzā́n*
farbig — *rängîn*
Faß — *chomrā́*
Fasten — *rūzā́*
faul — *tambál* (geschrieben: *tanbál)*
Feder — (zum Schreiben:) *qalám;* (Vogelfeder:) *par;* (Spannfeder:) *fanár*
fegen — *dschārûb kardän (kon)*
fehlen (= zu wenig sein) — *käm būdän*
Fehler — *'eib*
Feiertag — *ta'ṭîl*
feig — *boz-dél*
Feige — *andschîr*
Feile — *sūhân*
feilschen — *bāzâr nämûdän (nämâ)*
Feind — *doschmán*
Feindschaft — *doschmänî*
feindselig — *doschmänânā́*
Feld — *ṣaḥrâ*
Feldwebel — *ostowâr-e jäkóm*
Feldzug — *safár-e dschä́ng*
Fell — *pûst*
Fels — *säng*

Fenster — *pändschärā́*
Fensterscheibe — *schīschā́*
fern — *dûr*
Fernrohr — *dūrbîn*
Fernsprecher — *telefón*
Ferse — *pāschnā́*
fertig — *ḥāżér, tamâm*
fest — *seft, moḥkám*
Festland — *barr, choschkî*
Fest(tag) — *'īd, 'eid*
Festung — *qal'ā́*
fett — *farbéh, tschâq*
Fett — *tscharbî; dombā́* (geschrieben *donbā́*, bezeichnet das Fett des Hammel-Breitschwanzes)
feucht — *nämnâk, marṭûb*
Feuchtigkeit — *roṭūbā́t*
Feuer — *ātésch*
Fieber — *tā́b*
Film — *fīlm*
Filmpack — *fīlm-pâk*
Rollfilm — *fīlm-e lūlā́*
Filzteppich — *nämā́d*
finden — *peidâ kardän (kon)*
Finger — *angóscht*
Fingerhut — *angoschtānā́*
Fingerring — *angoschtár*
Finsternis — *tārīkî*
Firma — *scherkát*
Fisch — *māhî*
Fischer — *māhīgîr*

Fixierbad — *dawâ-je sobût*
flach — *ṣâf, hämwâr*
Flagge — *beiràq, partschám, 'alám*
Flak — *tūpchānā-je żedd-e hawāpeimâ*
Flasche — *boṭrî*
Fleck — *läkkä*
Fleisch — *gûscht*
Fleischer — *qaṣṣâb, gūscht-forûsch*
Fleiß — *sá'j*
fleißig — *sā'î*
flicken — *rofû kardän (kon)*
Fliege — *magás*
fliegen — *parwâz kardän (kon)*
Flieger — *hawâ-nawárd*
fliehen — *gorîchtän (gorîz), ferâr kardän (kon)*
fließen — *dschārî būdän*
Floh — *käk*
Floß — *käläk*
Flotte — *nāwgân*
Flucht — *ferâr*
Flug — *parwâz*
Flügel — *bâl*
Flugplatz — *forūdgâh*
Flugzeug — *ṭajjārä, hawāpeimâ*
Fluß — *rūdchānä*
fordern — *châstän (châh)*
Form (zum Backen usw.) — *qāléb*
Format — *andāzä*
Fort — *qal'ä*
Fortschritt — *taraqqî*
forttragen — *bárdāschtän (bárdār)*
Fotoapparat — *dūr-bîn-e 'akkāsî*
Fotogeschäft — *maghāzä-je 'akkāsî*
Fotograf — *'akkâs*
Fotografie — *'aks*
fotografieren — *'aks bárdāschtän (bár-dār)*
Fotografieren — *'aks-bar-dārî*
Fracht — *bār-keschî*
Frachtgut — *bār-keschî-je kónd*
Frage — *so'âl*
Fragebogen — *porsésch-nāmä, so'āl-nāmä*
fragen — *porsîdän (pors)*
Frankreich — *ferānsä*
französisch — *ferānsawî*
Frau — *zän;* (vornehmer:) *chānóm*
frei — *āzâd*
Freitag — *dschom'ä*
freiwillig — *echtijārî*
fremd — *gharîb*

Freude — *chŏschî, chŏsch-ḥālî*
freuen, sich — *chŏsch-ḥâl schodän (schou) äz*
Freund — *dûst*
freundlich — *mehrbân*
Freundschaft — *dūstî*
Friede — *ṣolḥ*
Friedhof — *qabrestân*
frieren — *sard būdän*
frisch — *tāzắ*
Friseur — *salmānî*
froh — *chŏsch-ḥâl*
früh — *zūd*
Frühling — *bahâr*
Frühstück — *ṣobḥānắ, nāschtā'î*
Fuchs — *rūbâh*
fühlen — *eḥsâs kardän (kon)*
führen (jemanden) — *baladî kardän*
Führer, ein — *rāhnämâ*
Führer, der — *pīschwâ-je ālmân*
Fuhrmann — *arrābätschî*
Fuhrwerk — *arrābắ*
füllen — *pór kardän (kon)*
Fundament — *bonjâd, schālūdắ*
für — *berâje*
Furcht — *tars, bîm*
fürchten — *tarsîdän (tars)*

Furt — *ma'bár, gozár*
Fuß — *pâ*
zu Fuß — *pijādắ*
Fußboden — *zämîn*

Gabel — *tschängâl*
Galopp — *tschār-ná'l* (‚vier Hufe')
galoppieren — *tâcht kardän (kon)*
Gans — *ghâz*
ganz — *tamâm;* (= heil: *sālém)*
Garage — *gārâž*
Garten — *bâgh;* (Nutzgarten:) *būstân*
Gartenhaus — *kûschk*
Gärtner — *bāghbân*
Gas — *gâz* (frz. *gaz)*
Gast — *mehmân*
Gastfreundschaft — *mehmān-dūstî*
Gastgeber — *mīzbân*
Gastgeberin — *chānom-e mīzbân*
Gasthaus — *mehmān-chānắ*
Gatte — *schouhár*
Gattin — *zoudschắ, 'ejâl*
Gazelle — *āhû*
Gebäck — *schīrīnî*
gebären — *zâdän (zâj)*
Gebäude — *benâ, 'emārât*

geben — *dâdän (deh)*
Gebühren — *chordắ-bâdsch, ʻawāréż*
Geburt — *tawallód, moulûd*
Gedächtnis — *chāṭér, jâd*
Gedränge — *scholûq*
Geduld — *ḥouṣälắ, ṣabr*
Gefahr — *chaṭár*
gefährlich — *chaṭarnâk*
Gefangener — *asîr* (im Krieg); *maḥbûs* (im Gefängnis)
Gefängnis — *zendân*
Gefäß — *ẓarf*
Gefecht — *dschäṅg*
Gefreiter — *tābîn-e jäkóm*
Gefrorenes — *bastanî*
gegen — *bar żedd-e*
Gegenangriff — *ḥamlắ-je motaqābelắ*
Gehalt (Besoldung) — *mawādschéb, ḥoqūq*
geheim — *sérr* (= Geheimnis)
Geheimpolizei — *polîs-e machfî, edārắ-je kār-āgāhî*
gehen — *ráftän (rou)*
Gehölz — *bīschắ*
gehorchen — *eṭāʻát kardän*
gehorsam — *farmān-bárdār*
Gehorsam — *eṭāʻát*
Geier — *lāschắ-chŏr* (‚Aas-Fresser‘)
Geisel — *gerougân*
gelb — *zard*
Geld — *pûl*
Geldstrafe — *dscharīmắ*
Gelegenheit — *forṣát*
Gemüse — *säbzî*
Genehmigung — *edschāzắ*
General — *sepähbód*
Generalleutnant — *sarlaschgár*
Generalmajor — *sartîp*
Generalstab — *setâd-e artésch*
Genesung — *schefâ*
genug — *bấs, kāfî*
genügen — *kefājắt kardän (kon)*
Gepäck — *asbāb-hâ*
gerade — *râst, doróst*
geradeaus — *mostaqîm*
Gerät — *dastgâh, ālắt*
gerecht — *ʻādél*
Gerechtigkeit — *enṣâf, ʻadl*
Gericht (= Justizbehörde) — *ʻadlijjắ, dādgostarî*
Gerste — *dschóu*
Geruch — *bû*
Gesandter — *wazîr-e mochtâr* (‚bevollmächtigter Minister‘)

Gesandtschaft — *sefārắt*
Deutsche Gesandtschaft — *sefārắt-e ālmân*
Gesäß — *maq'ád, kûn*
Geschichte — (Weltgeschichte:) *tārîch;* (Anekdote:) *ḥekājắt, qeṣṣắ*
geschickt — *zerắng*
Geschirr — (Eß-): *ẓorûf;* (Pferde-): *jarâq*
Geschlecht — *dschéns*
Geschmack — *mäzắ*
Geschütz — *tûp*
Geschwür — *bâd, dommắl*
Gesellschaft (Firma) — *scherkát*
Gesetz — *qānûn*
Gesicht — *ṣūrát, rû*
gesperrt — *bastắ*
Gestalt — *schákl*
gestatten — *edschāzắ dâdän (deh)*
gestehen — *eqrâr kardän (kon)*
gestern — *dîrūz*
gesund — *tän-doróst*
Gesundheit — *tän-dorostî, ṣeḥḥát*
Getränk — *maschrûb*
Getreide — *ghallắ*
getrennt — *dschodâ*
Gewehr — *tofắng*
Gewerbe — *pīschắ, honár*
Gewerbeschule — *honarestân*
Gewinn — *sûd*
gewinnen (im Spiel) — *bordän (bar)*
gewiß — *jaqîn*
gewöhnen, sich — *'ādắt gereftän (gîr)*
Gewürz — *adwijắ*
gießen — *rîchtän (rîz)*
Gift — *zahr, samm*
Gipfel — *sar-e kûh, qollắ*
Gips — *gätsch*
Glas — (als Stoff:) *schīschắ;* (Trinkglas:) *gīlâs, līwân, estekân*
Glaube — *īmân*
glauben — (= vermuten:) *gomân kardän;* (= für sicher halten:) *bāwár kardän*
gleich — *mosāwî, barābár*
gleiten — *laghzîdän (laghz)*
glücklich — *nīkbácht*
Glückwunsch — *tabrîk*
Gold — *ṭalâ*
Goldschmied — *zargár*
Golf — *chalîdsch*
Gott — *chodâ*
Grab — *qabr*
graben — *känd-o-kûb kardän (kon)*

Graben — *chandáq*
Grad — *daradschá́*
Granatapfel — *anâr*
Gras — *gijâh*
grau — *chākestarî*
grausam — *ẓūlém*
greifen — *geréftän (gîr)*
Grenze — *sarḥádd*
grob — *doróscht*
groß — *bozórg*
Größe (= Maß) — *andāzá́*
Großmutter — *mādár-e bozórg, dschaddá́*
Großvater — *pädár-e bozórg, dschadd*
grün — *säbz*
Grünfutter — *'aláf*
Gruß — *salâm*
grüßen — *salâm kardän (kon)*
gültig — *arzändá́*
Gummi — *lāstîk*
Gurke — *chijâr*
Gurt — *täng*
Gürtel — *kamarbánd*
gut — *chûb*
Guthaben — *dārā'î*

Haar — *mû*
Hacke — *kolắng*
Häcksel — *kâh*
Hafen — *bandár*
Hafer — *jolâf*
Hagel — *tagárg*
Hahn — (Tier:) *chorûs;* (= Kran:) *schîr*
Haifisch — *bambák* (geschrieben: *banbák)*
Haken — *qollâb*
halb — *nîm*
Halbinsel — *nīm-dschazīrá́*
halbweich (vom Ei) — *nīm-bänd*
Hälfte — *neṣf*
Halle — *tālâr, eiwân*
Hals — *gardắn*
Halsband — *gardanbánd*
halt! — *wâīstā!* (meist *wâissā* gesprochen)
halten — (= besitzen:) *dâschtän (dâr);* (= stoppen:) *wâ īstādän (wâ īst);* (= festhalten:) *geréftän (gîr)*
Hammel — *gūsfánd*
Hammelfleisch — *gūscht-e gūsfánd*
Hammer — *tschakósch*
Hand — *dast*
Handel — *tedschārắt, bāzorgānî*
Handgriff — *dastá́*
Handschuh — *dastkásch*

Handtasche — *kîf*
Handtuch — *ḥoulā́*
hart — *sacht, seft*
Hase — *chargûsch*
Haselnuß — *fondòq*
häßlich — *zescht*
Hauptmann — *sarwân*
Hauptstadt — *pājtácht*
Haus — *chānā́, mänzél* (letzteres = Wohnung)
Hausgerät — *asâs̲ ol-béit*
Hausknecht — *farrâsch*
Haustür — *dar-e chānā́*
Haut — *pûst*
Hebamme — *qābelā́, māmâ*
Heer — *qoschûn, artésch*
Heft — *daftár, ketābtschā́*
heftig — *bā scheddā́t*
Heftmappe — *pūschā́*
heilen — *'elâdsch kardän (kon)* (vom Arzt gesagt)
heimlich — *dar penhân*
Heirat — *nekâḥ*
heiraten — (vom Manne:) *zän geréftän (gîr);* (von der Frau:) *schouhár kardän (kon)*
heiß — *dâgh, garm*
helfen — *komák kardän*
hell — *rouschā́n*
Helm — *chûd*
Hemd — *pīrāhā́n*

Hengst — *narjân*
Herbst — *pā'îz*
heraus — *bīrûn*
herauskommen — *bīrûn āmädän (âj)*
Herr — *āqâ;* (= Besitzer): *ṣāḥéb*
herstellen — *sâchtän (sâz)*
Herz — *dél*
Heuchler — *dŏrû*
Heuschrecke — *malách*
heute — *émrūz*
heute Abend — *émschäb*
hier — *îndschā*
Hilfe — *komák, emdâd*
Himbeere — *teméschk*
Himmel — *āsmân*
hindern — *bâz dāschtän (dâr)*
Hindernis — *māné'*
hinkend — *läng*
hinter — *poscht-e*
Hinterhalt — *kamîn*
Hintern — *kûn*
Hinterrad — *tscharch-e 'aqáb*
Hirn — *maghz*
Hirse — *arzā́n*
Hirt — *schabân*
Hitze — *garmî*
Hobel — *randā́*
hoch — *boländ*

Hochzeit — *'arūsî*
Hof — *ḥejâṭ*
hoffen — *omīd-wâr būdän, omîd dāschtän (dâr)*
Hoffnung — *omîd*
höflich — *chósch-achlâq, mo'addáb*
Höflichkeit — *ädáb*
Höhe — *bolandî*
hohl — *mijān-tohî*
Höhle — *ghâr*
holen — *āwardän (âr, āwar)*
Holz — *tschûb* (allgemein); *hīzóm* (Brennholz)
Holzkohle — *zoghâl*
Honig — *'asál*
horchen — *gûsch dādän (deh)*
hören — *schänîdän (schänóu)*
Horn — *schâch*
Hose — *schalwâr*
Hotel — *mehmān-chānä́*
hübsch — *qaschä́ng*
Huf — *sóm*
Hufeisen — *na'l*
Hufschmied — *na'lbä́nd*
Hüfte — *kamár*
Hügel — *täpä́*
Huhn — *morgh, dschūdschä́*
Hülsenfrüchte — *ḥobūbât*
Hund — *`sä́g*

Hunger — *gorosnägî*
hungrig — *gorosnä́, goschnä́*
Hupe — *bûq*
Husten — *sorfä́*
husten — *sorfä́ kardän (kon)*
Hut — *kolâh*
hüten — *ḥefẓ kardän (kon), mowāẓabát kardän (kon)*
Hütte — *kapár*

immer — *hämīschä́*
Impfung — *ābelä́-kūbî*
in — *dar, tû-je*
Industrie — *ṣanā'át*
Infanterie — *pijādä́ neẓâm*
Ingenieur — *mohändés*
innerhalb — *andarûn-e*
Inschrift — *katībä́*
Insekt — *ḥaschrä́*, Mehrzahl: *ḥascharât*
Insel — *dschazīrä́*
Inspektion — *bāz-rasî, taftîsch*
Inspektor — *mofattésch, bāzrás*
intelligent — *bāhûsch*
Interesse — *'alāqä́*
Irrtum — *eschtebâh* (= Versehen), *ghaláṭ* (= Fehler)

ja — *bálī*
Jacke — *nīm-tänä́*

Jagd — *schekâr*
Jahr — *sāl*
letztes Jahr — *pärsâl*
kommendes Jahr — *sāl-e ājändā́*
Jahreszeit — *faṣl, mousém*
jeder (-e, -es) — *har*
jedermann — *hämā́ käs*
jemand — *kā́sī*
jener (-e, -es) — *ân*
jetzt — *aknûn*
Jude — *jahūdî*
Jugend — *dschawānî*
jung — *dschawân*
Junge — *pesár*
Juwelier — *dschouharî*

Kaffee — *qahwā́*
Käfig — *qafás*
Kahn — *qā'éq*
Kalender — *sālnāmā́*
Kalk — *āhā́k*
kalt — *sard*
Kälte — *sarmâ*
Kamel — *schotór*
Kamerad — *rafîq*
Kamille — *bābūnā́*
Kamin — *bochārî*
Kamm — *schānā́*
kämmen, sich — *schānā́ zädän (zän)*
Kampf — *dschäng*
kämpfen — *dschä́ng kardän (kon)*
Kampfwagen — *arrābä-je zereh-pûsch*
Kanal — *nahr;* (unterirdisch:) *qanât*
Kanone — *tûp*
Kante — *lā́b, känâr*
Kanzlei — *daftár*
Kapital — *sármājā́*
Kapitalist — *sarmājā́-dâr*
Kapitän — *nāchodâ*
Kapitulation — *taslîm*
kaputt — *charâb*
Karawane — *kārwân*
Karotte — *hawîdsch, zardā́k*
Karte (Land-) — *naqschā́*
Karte (Post-) — *kārt-e postâl* (frz. carte postale)
Kartoffel — *sīb-zamīnî*
Karton — *dschozwā́-dân*
Käse — *panîr*
Kaserne — *sarbāz-chānā́*
Kasse (Zahlstelle) — *ṣandûq*
Katze — *gorbā́*
kaufen — *charîdän (char)*
Kaufmann — *tādschér*
Kavallerie — *sawārā́ neẓâm*
Kehle — *galû*
Keller — *zīrzämîn*
kennen — *schenâchtän (schenâs)*

Kerze — *schám'*
Kessel — (großer Kupferkessel:) *ketrî;* (Kochkessel:) *dîg*
Kette — *zändschîr*
Kiefer (Zahn-) — *fakk*
Kind — *bätschá*
Kinn — *zanachdân*
Kino — *sīnemâ* (franz. *cinéma)*
Kirche — *kalīsijâ*
Kirsche — *ālūbālû, gīlâs*
Kissen — *bālésch*
Kiste — *ṣandûq*
Klasse (in der Eisenbahn) — *daradschá*
kleben — *tschäsbîdän (tschäsb)*
Kleid — *lebâs*
Ballkleid — *lebâs-e bâl*
Gesellschaftskleid — *lebâs-e schâb*
Nachmittagskleid — *lebâs-e 'aṣr*
Kleiderbügel — *tschūb-e lebâs*
Kleiderschrank — *qafasá-je lebâs*
Kleidung — *lebâs, racht*
klein — *kūtschék, kūtschik*
Kleingeld — *pūl-e chṓrd*
Klima — *āb-o-hawâ*
Klingel — *zäng e achbâr*
Kluft — *schegâf, partgâh*
Knabe — *pesár*
Knie — *zānû*
knien — *zānû zädän (zän)*
Knochen — *ostochân*
Knopf — *dokmá*
Knopfloch — *mādägî*
Knoten — *geréh*
Koch — *āschpáz*
kochen — *póchtän (päz);* (vom Wasser:) *dschūschîdän (dschûsch)*
Kochtopf (irden) — *dīzî*
Koffer — *dschāmedân*
Kohl — *käläm*
Kohle — (Stein-): *zoghâl-e sáng*
Kohlenbecken — *manghál*
Kokosnuß — *nārgîl*
Kolben (Motor) — *pīstṓn*
Kolik — *ghūlándsch*
Kommandant — *farmāndéh*
kommen — *âmädän (âj)*
Kompaß — *qeblá-nämâ*
Konditor — *schīrīnî-sâz*
König — *schâh*
Konkurs — *dár-māndägî*
können — *tawânestän (tawân)*
Konsul — *konsûl*
Konsulat — *konsūl-garî*
Kontrolle — *bāz-dīd, taftîsch*

Kontrolleur — *bāz-bîn*
Kopf — *sár*
Kopfkissen — *bālésch*
Kopfweh — *sar-dárd*
kopieren (Foto) — *tschâp kardän (kon)*
Koralle — *mardschân*
Korb — (groß:) *zambîl* (geschrieben: *zanbîl*); (klein:) *sabád*
Korkenzieher — *pîtsch-e sar-e boṭrî*
Körper — *tän*, *bädā́n*
kostbar — *nafîs*, *qīmatî*, *gerān-bahâ*
Kosten — *hazīnā́*
Kraftwagen — *otomobîl*; Personenkraftwagen — *māschîn-e sawārî*; Lastkraftwagen — *māschîn-e bâr*
Kragen — *jachā́*
krank — *nāchṓsch*, *marîż*
Krankenhaus — *marīż-chānā́*, *bīmārestân*
Krankheit — *nāchŏschî*, *maráż*
Kredit — *e'tebâr*
Kreis — *dājerā́*
Kreuz — *châdsch*
Kreuzer — *razmnâw*
kriechen — *chazîdän (chaz)*

Krieg — *dschā́ng*
Kriegschiff — *nâw*
Kristall — *bollûr*
Krone — *tâdsch*
Kronprinz — *walī-'áhd*
Krug (irdener) — *kūzā́*
krumm — *kädsch*
Küche — *āschpäz-chānā́*
Kuchen — *schīrīnî*
Kugel — (math.): — *korā́*; (Gewehr-): *golūlā́*
Kugellager — *bâl-bärîng* (engl. *ball-bearing*)
Kuh — *gâw-e mādā́*
kühl — *chonók*
Kühler — *rādiātór*, *āb-ambâr* (*āb-anbâr* geschrieben)
kundig — *baládd*
Kupfer — *més*
Kupferschmied — *mesgár*
Kuppel — *gombád* (geschrieben: *gonbad*)
Kupplungshebel — *klâtsch-e dändā́*, (vgl. engl. *clutch*), *tschäng-e dändā́*
Kurbel — *dastā́-je meḥwár*
Kurs (Zinsfuß, Satz) — *nerch*
kurz — *kūtâh*
Kuß — *būsā́*
küssen — *mâtsch kardän (kon)*

Küste — *sāḥel*
Kutsche — *doroschkấ*
Kutscher — *doroschtkätschī*

lachen — *chandấ kardän (kon)*
lächeln — *tabassóm kardän (kon)*
laden (Gewehr) — *pór kardän (kon)*
Laden — *dokkân, maghāzấ*
Lage — *ḥâl, waż'ijjắt*
Lager (Speicher) — *ambâr* (geschrieben *anbâr)*
Lagune — *mordâb* (‚Totwasser')
lahm — *schál*
Laken — *malāfấ*
Lamm — *barrấ*
Lammfleisch — *gūscht-e barrấ*
Lampe — *tscherâgh*
Gaslampe — *tscherâgh-e gâz*
Erdöllampe — *tscherâgh-e naftî*
elektrische Lampe — *tscherâgh-e barq*
Land (= Reich) — *keschwár, mamlakát*
landen — *forûd āmädän (âj)*
Landung — *forûd-āmädän*
Landwirtschaft — *zerā'át*
lang — *derâz*
lange (Zeit) — *moddắt-e madîd*
langsam — *āhestấ, jawâsch*
Lanzette — *nīschtár*
lassen — *gozâschtän (gozâr)*
Laterne — *fānûs*
Lattich — *kāhû*
Laub — *barg*
Lauch — *sîr*
laufen — *dawîdän (dóu)*
Laus — *schepésch*
laut — *be-āwâz-e boländ*
Laut — *ṣedâ*
Lautsprecher — *boländkonändấ-je ṣedâ*
Lazarett — *perestār-chānấ*
leben — *zîst kardän (kon);* (= zubringen:) *be-sár bordän (bar)*
Leben — *zendägî, ḥajât*
lebendig — *zendấ*
Lebensmittel — *chŏrâk, chår-bâr*
Leber — *dschegár*
lecken — *līsîdän (lîs)*
Leder — *tscharm*
leer — *chālî*
leeren — *chālî kardän (kon)*
legen — *gozâschtän (gozâr)*

Lehm — *gél*
lehren — *jâd dâdän (deh)*
Lehrer — *mo'allém, āmūzegâr*
Lehrling — *schāgérd*
Leib — *tän, bädắn*
leicht — (im Gewicht:) *sabók;* (im Tun:) *āsân*
Leim — *serîsch*
Leinwand — *katân*
leise — *āhestắ*
Leiter — (Holz-): *nardobân;* (= Chef): *ra'îs;*
Lenkrad — *tscharch-e rûl* (vgl. engl. *rule)*
lernen — *jâd gereftän (gîr), āmûchtän (āmûz)*
lesen — *chåndän (chån)*
Leuchter — *scham'-dân*
leugnen — *enkâr kardän (kon)*
Leute — *mardóm*
Leutnant — *sotwân-e dowwóm*
Licht — *rouschänî, nûr*
lieb — *'azîz, dûst*
Liebe — *'eschq*
lieben — *dûst dāschtän (dâr)*
liegen — *chåbîdän (chåb)*
Limonade — *āb-e līmû, līmonâd*
Lineal — *chaṭṭ-késch*
Linie — *chaṭṭ*
links — *dast-e tschắp*
Linsen — *'adás*
Lippe — *lắb*
List — *ḥīlắ*
Liste — *ṣūrát, fehrést*
Lizenz — *parwānắ*
loben — *ta'rîf kardän (kon) tamdschîd kardän*
Loch — *sūrâch*
locker — *schol*
Löffel — *qāschóq*
Lohn — *mozd, ḥoqûq*
los — *wél*
löschen — *chāmûsch kardän (kon)*
Löschblatt — *kāghắz-e âbchoschk-kon*
lose — *schol, sost*
Löwe — *schîr*
Luft — *hawâ*
Luftangriff — *ḥamlắ-je hawā'î*
Luftpumpe — *tolombắ-je hawā'î*
Luftschutz — *moḥāfeẓắt-e hawā'î*
Lüge — *dorûgh*
lügen — *dorûgh goftän (gû)*
Lunge — *schósch*
Lust (= Neigung) — *méil*

machen — (= tun:) *kardän (kon)*; (= herstellen:) *sâchtän (sâz)*
mächtig — *tawānâ*
Mädchen — *dochtár*
mager — *lāghár*
Major — *sargórd*
Mais — *z̤orrát*
Makler — *dallâl*
Malaria — *mālārijâ*
Maler — *naqqâsch, ṣūratsâz*
Mandel — *bādâm*
Mann — *mard*, Mehrzahl: *mardóm*
Mantel — *pāltô* (frz. *paletot)*
Marine — *baḥrijắ*
Markt — *bāzâr*
Marmelade — *morabbâ*
Marmor — *marmár*
marschieren — *qadám zädän (zän)*
Maschine — *māschîn, dastgâh*
Maschinengewehr — *mosalsál*
Maß — *andāzắ*
  Maß nehmen — *andāzắ geréftän (gîr)*
mäßig — *motaʿdél*
Matratze — *doschák*
Matte — *ḥaṣîr, būrijâ*
Mauer — *dīwâr*
Maul — *dähân*
Maulbeere — *tût*
Maultier — *qāṭér*
Maurer — *bannâ*
Maus — *mūsch*
Meer — *darjâ*
Meerbusen — *chalîdsch*
Mehl — *ârd*
mehr — *bīschtár*
meinen — *gomân kardän (kon)*
Meinung — *ʿaqīdắ*
Meißel — *eschkänắ*
Meister — *ostâd*
Melone — (Wassermelone:) *hendewānắ*; (Zuckermelone:) *charbūzắ*
Mensch — *ādám, ensân*
messen — *andāzắ gereftän (gîr)*
Messer — *kârd*
  Taschenmesser — *tschāqû*
Messing — *beréndsch*
Metall — *felézz*
Miete — *kerājắ*
mieten — *be-kerājắ geréftän (gîr)*
Mikroskop — *z̤arrắ-bîn*
Milch — *schîr*
  Sauermilch — *mâst*
Milchreis — *schīr-beréndsch*

Milchtopf — *schīr-dân*
militärisch — *neẓāmî*
Mine (im Krieg) — *naqb*
Mineralwasser — *âb-e maʿ-danî*
Minister — *wazîr*
Ministerium — *wezārắt*
Minute — *daqīqắ*
Mirabelle — *ālūtschắ*
mischen — *machlûṭ kardän (kon), qāṭî kardän*
Mißtrauen — *bäd-gomānî*
Mist — *pähîn*
mit — *bâ*
Mittag — *ẓohr*
Mittagessen — *nāhâr*
Mitte — *wasáṭ, mijân*
Mitternacht — *neṣf-e schäb*
Mittwoch — *tschârschambắ* (geschrieben: *tschähâr-schanbắ)*
Möbel — *asāsījjắ*
mögen (eine Sache) — *méil dāschtän (dâr)*
Monat — *mâh*
Mond — *mâh*
Mondschein — *māhtâb*
Montag — *dóschambắ* (geschrieben: *dóschanbắ)*
Morast — *bāṭlâq*
morgen — *fardâ*
Morgen — *ṣobḥ*
Mörtel — *sārûdsch*
Moschee — *masdschéd*
Moskitonetz — *päschäbắnd*
Motor — *mŏtŏr*
Mücke — *päschắ*
müde — *chastắ*
Mühle — *āsijâ*
Mund — *dähân*
Munition — *mohemmât-e dschängî*
Musik — *mūzîk*
Musikinstrument — *ālắt-e sâz*
Musikkapelle — *dastắ-je mūzîk*
Mut — *delīrî, schodschāʿắt*
Mutter — *mādár*
Mütze — *kolâh*

nach — (Richtung:) *be-*; (zeitlich:) *baʿd äz*
Nachbar — *hämsājắ*
Nachmittag — *ʿaṣr*
Nachricht — *chabár*
Nacht — *schäb*
Nachtgeschirr — *schāsch-dân*
Nachtigall — *bolból*
nachts — *dar schắb*
nackt — *barahnắ, locht*
Nadel — (Nähnadel:) *sūzắn;* (Stecknadel:) *sändschâq*

Nagel — (aus Metall:) *mîch;* (am Finger:) *nāchón*
nah — *nazdîk*
nähen — *dûchtän (dûz)*
nähern, sich — *nazdîk āmädän (âj)*
Naht — *darz*
Name — *esm, nâm*
Napf — *kāsá*
Narzisse — *nargés*
Nase — *damâgh, bīnî*
naß — *tar*
Nation — *mellát*
Nationalbank — *bānk-e mellî*
Nebel — *meh*
neben — *pahlû-je*
Negativ (eines Lichtbildes) — *manfî*
Neger — *kākâ sijâh*
nehmen — *geréftän (gîr)*
Neid — *ḥasád*
neidisch — *ḥasûd*
nein — *ná-cheir, cheir*
Nerv — *ʿaṣabá*
Nest — *āschijāná, lāná*
Netz — *dâm, tûr*
neu — *nóu, tāzá, dschadîd*
Neujahr (persisch = 21. März) — *nourûz*
neulich — *dar în rūz-hâ*
Neumond — *māh-e nóu*

nicht — *ná-*
nichts — *hîtsch tschîz ná*
nie — *hîtsch waqt* (sprich: *wacht) ná*
Niederlage — *schekást*
niedrig — *pást*
niemand — *hîtsch käs ná*
nirgends — *hītsch dschâ*
Nische — *ṭâq*
Norden — *schemâl*
Nordosten — *schemâl-e scharqî*
Nordwesten — *schemâl-e gharbî*
nötig — *lāzém*
Nummer — *nomrá, schomārá*
Nummernschild (Auto) — *ṣafḥá-je schomārá*
Nüsse (gemischt, dazu Pistazien, Rosinen und dergleichen) — *ādschîl*
Nutzen — *fāʾedá*
nützlich — *mofîd*

Oberleutnant — *sotwân-e jäkóm*
Oberst — *sarháng-e jäkóm*
Oberstleutnant — *sarháng-e dowwóm*
Obst — *mīwá, meiwá*
Obstbaum — *derácht-e mīwá*

Obstmesser — *kârd-e mīwấ-chŏrî*
Ochsenschwanz — *dom-e gâw*
oder — *jâ*
Ofen — *bochārî*
offen — *bâz*
öffentlich — *'omūmî*
Offizier — *afsár, ṣāḥeb-manṣáb*
öffnen — *bâz kardän, wâ kardän (kon)*
Öffnung — *sūrâch*
oft — *aghláb*
ohne — *bî*
Ohnmacht — *bīhūschî, ghasch*
Ohr — *gûsch*
Olive — *zeitûn*
Olivenöl — *roughán-e zeitûn*
Ölkanne — *roughan-dân*
Onkel — (väterlicherseits:) *'ammû;* (mütterlicherseits:) *dāî*
Opium — *tarjâk*
ordnen — *ārâstän (ārâ)*
Ordnung — *tartîb, naẓm*
Organisation — *sāzemân*
Ortschaft — *qaṣabấ*
Osten — *maschréq, scharq, chāwár*

Paar — *dschóft*
Pak — *tûp-e żedd-e arrābấ-je zeréh-pûsch*
Paket — *bastấ, amānất*
Palme — *derácht-e chormâ, nachl*
Papier — *kāghấẕ*
Pappel — *tabrīzî*
Parade — *sân*
Parfum — *'eṭr,* meist *'aṭr* gesprochen
Paß — (Reisepaß:) *pāspórt* (vom frz. *passeport),* heute *goẕár-nāmấ;* (im Gebirge:) *gardanấ, kūtấl*
Patrone — *feschấng*
Patrouille — *gaschtî*
Pech (Erd-) — *qîr*
Peitsche — *schalâgh*
Pelzmantel (Schafspelz) — *pūstîn*
Pension — *pānsijōn*
Perle — *morwārîd*
persisch (als Sprache) — — *fārsî;* (als Nationalität) *īrānî*
Person — *schachṣ, nafár*
Personal — *kār-konân*
Petersilie — *dscha'farî*
Petroleum — *naft*
Pfanne — *tāwấ*
Pfeffer — *felfél*

Pfeffermünz — *na'nâ*
Pfeife — (Signal-): *sût;* zum Rauchen): *tschopóq*
pfeifen — *sût zädän (zän)*
Pferd — *äsb*
Pferdedecke — *dschól*
Pferdestärke (PS) — *qowwáje äsb*
Pfirsich — *holû*
Pflanze — *nabât, rostanî*
pflanzen — *kâschtän (kâr) keschtän (kâr)*
Pflaster — (Straßenpflaster:) *sängfársch;* (Wundpflaster:) *marhäm*
Pflaume — *ālû*
Pflock — *mîch*
pflücken — *tschîdän (tschîn)*
Pflug — *schochm*
Photographie — *'aks*
Pickles — *torschî, ātschâr*
Pille — *ḥabb*
Pilz — *qârtsch*
Pinie — *ṣenoubár*
Pinsel — *qalam-e mû*
Pistazie — *pestá*
Pistole — *pīschtâb, ṭapāntschá, pistolá* (frz. pistolet)
Platane — *tschenâr*
Platte — *ṣafḥá, sīnî;* (Foto-): *schīschá-je 'akkāsî*
Plätteisen — *oṭû*
plätten — *oṭû kardän (kon)*
Platz — *dschâ;* (offener Platz:) *meidân*
Plünderung — *ghārắt, jaghmâ*
Pocken — *ābelá*
polieren — *dschälâ dâdän (deh)*
Polizeipräsidium — *schährbānî, naẓmijjä*
Polizist — *pās-bân*
Pomeranze (bittere) — *nārándsch*
Porzellan — *tschīnî*
Positiv (eines Lichtbildes) — *mosbét*
Postamt — *post-chāná*
Preis — *qīmát (qeimát)*
Priester — *mollâ*
Prinz — *schāh-zādá, schāhpûr*
Prinzessin — *schāh-docht, chānom-e schāh-zādá*
privat — *schachṣî, machṣûṣ*
Profit — *manfa'át*
Proviant — *āẓūqá, tûschá*
Provinz — *welājắt*
Prozent — *dar ṣád*
Prozeß — *da'wâ*
Prüfung — *emteḥân*
Puls — *nábż*
Pulver (Schieß-) — *bārût*

Pumpe — *tolombá*
Punkt — *noktá*
putzen — *pâk kardän (kon)*

quälen — *azijât kardän (kon)*
Quartier — *mänzél*
Quecksilber — *sīmâb*
Quelle — *tschäschmá*
Quitte — *béh*
Quittung — *rasîd*

Rad — *tscharch*
Fahrrad — *dŏ-tscharchá*
Radiergummi — *medâd-pāk-kón*
Radieschen — *torobtschá*
rasch — *zûd, tond*
rasieren — *tarāschîdän (tarâsch), eṣlâḥ kardän*
Rasierpinsel — *fertschá*
Rast — *esterāḥát*
rasten — *esterāḥát kardän (kon)*
Rat(schlag) — *naṣīḥát*
Räuber — *rāhzán*
Rauch — *dûd*
rauchen — (Feuer:) *dûd dādän (deh);* (eine Zigarette:) *sīgâr keschîdän (kesch)*
rauh — *zebr, chaschén*

Rebhuhn — *kabk*
rechnen — *ḥesâb kardän (kon)*
Rechnung — *ṣūrat-e ḥesâb, sijāhá*
recht — *doróst*
rechts — *dast-e râst*
rechtzeitig — *be-wácht* (geschrieben: *be-waqt)*
regelmäßig — *morattáb*
Regen — *bārân, bārésch*
Regenbogen — *schamschîr-e 'Alî* (,Schwert *'Alīs'*)
Regenmantel — *bārānî*
Regenschirm — *tschatr*
Regierung — *doulát, ḥokūmát*
Regiment — *häng, foudsch*
reiben — *mālîdän (mâl)*
reich — *māldâr, ghanî, doulatmánd*
reichlich — *farāwân*
reif — *rasīdá*
Reifen (Auto-) — *lāstîk*
rein — *pâk, ṣâf;* (= unverfälscht:) *chālés*
reinigen — *ṣâf kardän (kon)*
Reis — (als Pflanze:) *schaltûk;* (enthülst:) *beréndsch*
Reise — *safár, mosāfarát*

Reisender — *sajjâḥ* (= Forschungsreisender); *mosāfér* (= Passagier)
Reisepaß — *gozar-nāmā́, tazkerā́, pāspórt*
Reismehl — *ārd-e beréndsch*
reiten — *sawâr būdän*
Reiter — *äsb-sawâr*
Reithose — *schalwâr-e sawārî*
Reitknecht — *dscheloudâr, mehtár*
Reitlehrer — *mo'allém-e sawâr*
Reitpeitsche — *schalâgh-e sawārî*
Reitpferd — *äsb-e sawārî*
Reitstiefel — *tschakmā́-je sawārî*
Reitstunde — *dars-e sawārî*
Religion — *dîn, mazháb*
reparieren — *marammát kardän (kon), ta'mîr kardän (kon)*
Residenz — *pā-je tácht*
retten — *nädschât dādän (deh)*
Rettung — *nädschât*
Rhaberber — *rīwâs*
Richter — *qāżî*
richtig — *doróst*
Richtung — *sámt, ṭaráf*
riechen — (= einen Geruch wahrnehmen:) *būîdän (bû)*; (= einen Geruch von sich geben:) *bû dādän (deh)*
Rind — *gâw*
Rindfleisch — *gūscht-e gâw*
Rinde — *pûst*
Ring (am Finger) — *angoschtár*
rings um — *dourādóur-e*
Rippe — *dändā́*
Rizinus — *bīd andschîr*
roh — *châm; nā-pochtā́* (= ungekocht); *dorócht* (= grob)
Röhre — *lūlā́*
Röhricht — *neizâr*
Rose — *gol, gol-e sórch*
Rosenöl — *'aṭr*
Rosine — *keschmésch*
Rost (an Eisen) — *zäng*
rosten — *zäng zädän (zän)*
rot — *sorch, qerméz*
Rote Rübe — *labû*
Rübe — *schalghám*
Rubin — *jāqût*
Rückkehr — *morādscha'át*
rückwärts — *'aqáb*
Rückzug — *'aqab-neschīnî*
rufen — *ṣedâ kardän (kon)*

rudern — *pārû keschîdän (kesch)*
Ruhe — *ārâm, āsājésch*
rund — *gerd, modawwár*

Saal — *oṭâq-e bozórg*
Saatfeld — *kescht-zâr*
Säbel — *schämschîr*
sachte — *jawâsch*
Sack — *kīsā́, dschowâl*
Sackgasse — *kūtschā́-je bonbást*
Säge — *arrā́*
sagen — *goftän (gû)*
Sahne — *sarschîr, chāmā́*
Salz — *namák*
Salzfaß — *namakdân*
Salzwüste — *kawîr*
Samen — *tochm*
sammeln — *dschám' kardän (kon), tschîdän (tschîn)*
Samowar — *samāwár*
Samt — *machmál*
Sand — *rîg, schén*
Sattel — *zîn*
Sattelgurt — *täng*
satteln — *zîn bastän (bänd)*
Satteltasche — *chordschîn*
Sattler — *sarrâdsch*
Satz (Phrase) — *dschomlā́*
sauber — *pâk*
Saucière — *na'lbakî*

sauer — *tórsch*
Sauermilch — *māst*
saugen — *makîdän (mak)*
Säule — *sotûn*
Saum (Rand) — *dāmā́n*
Schach — *schaṭrā́ndsch*
Schachtel — *dscha'bā́*
schade — *ḥéif, afsûs*
Schaden — *żarár*
schädlich — *mūẕî, możérr, zijān-āwár*
Schaf — *gūsfánd*
Schakal — *schaghâl*
Schal — *schâl-e gardán*
Schale — *ṭascht*
Schalter (Büro): — *bādschā́;* (elektrischer): — *swîtsch* (vom engl. *switch*)
schamlos — *bīḥejâ*
scharf — *tîz*
Scharnier — *loulâ*
Schatten — *sājā́*
Schaufel — *bîl*
Scheck — *tschā́k*
Verrechnungsscheck — *tschā́k-e bastā́*
Scheibe (Glas-) — *schīschā́*
Scheibenwischer — *schīschā́-pāk-kon*
Scheinwerfer — *nūr-afkán*
Schenkel — *sâq*
Schere — *qeitschî, meqrâż*

Scherz — *schūchî*
scherzen — *schūchî kardän (kon)*
scheuen (Pferd) — *rám chṓrdän (chŏr)*
schicken — *ferestâdän (ferést)*
Schicksal — *qesmát*
Schiene — *reil* (engl. *rail)*
schießen — *tīrandāzî kardän (kon)*
Schiff — *kaschtî, dschähâz;* (Kriegsschiff:) *nâw;* (Segelschiff:) *kaschtī-je scherā'î*
Schinken — *rān-e chûg*
Schlacht — *dschäng*
Schlachtfeld — *meidân-e dschäng*
Schlaf — *chåb*
schlafen — *chåbîdän (chåb)*
Schlafzimmer — *chåbgâh*
schlaff — *sost*
schlagen — *zádän (zän)*
Schlange — *mâr*
schlau — *zīrák*
Schlauch — *lūlá-je lāstīkî*
schlecht — *bád*
Schleifstein — *säng-e sā'î*
Schlepper — *traktŏr*
schließen — *bástän (bänd)*
Schlitten — *sūrtmá*

Schloß (an der Tür) — *qofl, qolf;* (= Palast:) — *qaṣr, kâch*
schlucken — *forû bordän (bar)*
Schluß — *chātemá*
Schlüssel — *kelîd*
schmal — *bārîk, täng*
schmelzen — *godâchtän (godâz);* (= zu Wasser werden:) *âb schodän (schou)*
Schmerz — *dard*
schmerzen — *dard kardän (kon)*
Schmied — *āhängár*
Schmiede — *dokkân-e āhängarî*
schmieren — *mālîdän (mâl)*
Schmuck — *zīwár*
schmücken — *zīnát kardän (kon)*
schmutzig — *kas̱îf*
Schnabel — *nûk*
Schnaps — *'aráq*
Schnee — *barf*
Schneeberg — *kūh-e barfdâr*
schneiden — *borîdän (bor), tarāschîdän (tarâsch)*
Schneider — *chajjâṭ*
schneien — *barf bārîdän (bâr)*

schnell — *tond, sûd*
Schnur — *rīsmân*
schön — *qaschắng*
Schornstein — *dūdkésch*
Schrank — *dūlābtschắ*
Schraube — *pîtsch*
Schraubenzieher — *pītsch-késch, ātschâr*
Schraubstock — *gīrắ*
schreiben — *näwéschtän (näwîs)*
Schreiber — *kātéb*
Schreibmaschine — *mā-schîn-e taḥrîr*
Schreibtisch — *mīz-e taḥrîr*
schreien — *bâng zädän (zän), farjâd kardän (kon)*
Schreiner — *naddschâr* (in arabischer Schrift das *dsch* verdoppelt)
Schrift — *chaṭṭ*
Schriftsteller — *ketāb-näwîs, moṣannéf*
Schritt — *qadám*
Schuh — *kafsch*
Schumacher — *kafsch-dûz*
Schuhputzer — *wāksî*
Schuld(betrag) — *wâm, qarż*
Schule — (Volksschule:) *dabestân;* (Mittelschule:) *dabîrestân;* (allgemein:) *madrasắ, āmūzesch-gâh*

Schüler — *schāgérd*
Schulter — *schānắ, dûsch*
Schuster — *kafschdûz*
schütteln — *takân dādän (deh)*
Schutz — *moḥāfäẓắt*
Schütze (Soldat) — *tābîn*
schützen — *moḥāfäẓắt kardän (kon)*
schwach — *żaʻîf*
Schwamm — *esfắndsch, abr*
Schwanz — *dóm*
schwarz — *sijâh*
Schwefel — *gūgérd, kebrît*
schweigen — *chāmûsch māndän (mân)*
Schwein — *chûg*
Schweiß — *ʻaráq*
schwer — (im Gewicht:) *sängîn;* (im Tun:) *moschkél, sacht*
Schwester — *chåhár*
schwierig — *moschkél*
schwimmen — *schenâ kardän (kon)*
schwitzen — *ʻaráq kardän (kon)*
schwören — *qasám chŏrdän (chŏr)*
schwül — *chafắ*
Schwur — *qasám*
Seele — *dschân*

sehen — *dîdän (bîn)*
seicht — *käm-'ómq*
Seide — *abrīschóm*
Seidenraupe — *kerm-e abrīschóm*
Seife — *ṣābûn*
Seil — *ṭanâb, bänd*
Seite — (im Buch:) *ṣafḥá* (allgemein): *ṭaráf*
Seitengewehr — *sar-neizá*
Sekretariat — *dabīr-chāná*
Sekunde — *s̱ānijá*
selten — *käm-jâb*
senden — *ferestâdän (ferést)*
Senf — *chardál*
Serviette — *dastmâl-e sofrá*
Serviettenring — *ḥalqá*
setzen — *goẕâschtän (goẕár)*
setzen, sich — *neschástän (neschîn)*
Sichel — *dâs*
sicher — (= ungefährdet:) *amn, sālém;* (= gewiß:) *jaqîn, ḥatm*
Siedfleisch — *gūscht-e āb-páz*
Siedlung — *ābādî*
Sieg — *ẓafár, fatḥ*
Siegel — *mohr*
Siegellack — *lâk*
siegen — *ẓafár jāftän (jâb), ghālḗb schodän (schou)*

Signal — *'alāmát*
Silber — *noqrá*
Sitte — *rasm*
sitzen — *neschästá būdän*
Skorpion — *'aqráb*
so — *în-ṭour*
sobald — *hámīn-ke*
so daß — *ṭóurī-ke*
sofort — *fourän*
Sohn — *pesár*
Soldat — *sarbâz*
Sommer — *tābestân*
Sonnabend — *schambá* (geschrieben: *schanbá)*
Sonne — *āftâb, chṓrschîd*
Sonnenaufgang — *tolû'-e āftâb*
Sonnenschirm — *āftâbgîr*
Sonnenuntergang — *ghorûb*
Sonntag — *jákschambá* (geschrieben: *jákschanbá)*
Spalte — *schegâf*
spalten — *schegâftän (schegâf)*
Spargel — *mār-tschūbá*
spät — *dîr*
Spaten — *bîl*
spazieren gehen — *gardésch kardän (kon)*
Spaziergang — *gardésch*
Speichel — *āb-e dähân*

Speicher — *ambâr* (geschrieben: *anbâr)*
speien — *qéi kardän (kon)*
sperren — *bastän (bänd)*
Spezial — *machṣûṣ*
Spiegel — *ājīnā́*
Spiegeleier — *tochm-e mórgh -e nīm-rû*
Spiel — *bāzî*
spielen — *bāzî kardän (kon)*
Spielzeug — *bāzītschā́*
Spinat — *esfenâdsch*
Spinne — *ankabût*
Spion — *dschāsûs*
Spionage — *dschāsūsî*
spionieren — *dschāsūsî kardän (kon)*
spitz — *tîz*
Sporen — *mähmîz*
Sport — *warzésch*
sprechen — *ḥárf zädän (zän)*
sprengen — *tarakândän*
Springbrunnen — *fawwārā́*
Spritzkanne — *āftābā́*
Staat — *doulát;* (= Land:) *keschwár*
staatlich — *doulatî*
Stadt — *scháhr*
Stadtverwaltung — *schahrdārî*
Stahl — *fūlâd*
Stahlhelm — *kolâh-chûd*

Stall — *ṭawīlā́*
Stamm — (Baumstamm:) *sāqā́;* (Volksstamm:) *ṭājefā́*
stark — *moḥkám, qawî*
Start — *stârt*
Stativ — *se-pājā́*
stattfinden — *wāqéʿ schodän*
Staub — *gard, ghobâr*
Staublappen — *dastmâl-e gard-gīrî*
stechen — *nîsch zädän (zän)*
stehen — *īstâdän (îst)*
stehlen — *dozdîdän (dozd)*
steif = *schaqq*
Steigbügel — *rekâb*
steigen — *bālâ raftän (rou)*
Steigung — *naschîb*
Stein — *säng*
Steinkohle — *zoghâl-e sáng*
Steinmetz — *säng-tarâsch*
Stelle — *dschâj*
stellen — *gozâschtän (gozâr)*
Stempel — *mohr*
Steppdecke — *leḥâf*
Steppe — *bijābân*
sterben — *mordän (mîr), fóut schodän (schou)*
Stern — *setārā́*
Steuern — *mālījât*
Steuerrad — *tscharch-e rûl*
Stiefel — *tschakmā́*
Stier — *gâw-e nár*

still — *ārâm*
still! — *sokût!*
Stimme — *āwâz*
stinken — *gändīdän (gänd)*, *bû-je bäd dādän (deh)* („üblen Geruch geben")
Stirn — *pīschānî*
Stock — *tschûb*
Stockwerk — *martabắ*, *āschkûb*
Stoff (= Zeug) — *pārtschắ*
Stolz — *takabbór*
stören — *nārāḥát kardän (kon)*
Stoß — *takân*
Stoßstange — *mīl-e sepár*
Strafe — *tambîh* (geschrieben: *tanbîh)*, *modschāzât*
strafen — *tambîh kardän (kon)*, *modschāzât kardän*
Straße — *chijābân* (= Allee), *kūtschắ* (= Gasse); *dschāddắ; schŏsắ* (= Chaussee); *râh* (= Weg)
Strauch — *būtắ*
Strecke — *masāfát*
Streichholz — *kebrît*
Streit — *da'wâ*
streiten — *da'wâ kardän (kon)*
stricken — *bāftän (bâf)*
Stroh — *kâh*

Strumpf — *dschūrâb*
Stube — *oṭâq*
Stück — *täkkắ* (z. B. Brot); *tā*, *dānắ* (beim Zählen)
Student — *dānesch-dschû*, *moḥaṣṣél*
studieren — *taḥṣîl kardän (kon)*
Stufe — *daradschắ*
Stuhl — *ṣandalî*
stumm — *lâl, gong*
stumpf — *kond*
Stunde — *sā'át*
Sturm — *ṭūfân;* (= Angriff) *ḥamlắ*
Stute — *mādjân*
Süden — *dschanûb*
Südosten — *dschanûb-e scharqî*
Südwesten — *dschanûb-e gharbî*
Sumpf — *lädschắn*
Suppe — *sûp;* (= Fleischbrühe:) *āb-e gûscht*
süß — *schīrîn*
Süßigkeiten — *schīrīnî*

Tabak — *tūtûn*
Tablett — *sīnî*
tadeln — *toubîch kardän (kon)*

Tag — *rūz*
tags — *dar rûz*
Tal — *darrắ, dscholgắ*
Tank — *tânk*
tanken — *benzîn geréftän (gîr)*
Tanne — *kādsch*
Tante — (väterlicherseits:) *'ammắ;* (mütterlicherseits:) *chālắ*
tanzen — *rachsîdän* (geschrieben: *raqsîdän)*
tapfer — *schīr-dél, schodschâ'*
Tapferkeit — *mardānägî*
Tarif — *ta'refắ*
Tasche — *dschîb, dschéib*
Taschenlampe — *tscherâgh-e dschībî*
Taschenmesser — *tschāqû*
Taschentuch — *dastmâl*
Tasse — *fendschân, pijâlắ*
Tau (der) — *schäbnắm*
Tau (das) — *ṭänâb*
taub — *kar*
Taube — *kabūtár*
tauschen — *'awáż kardän*
Technik — *ṣanā'át*
Techniker — *mohandés*
Tee — *tschâj*
Teehaus — *qahwắ-chānắ, tschāj-chānắ*
Teetopf — *tschāj-dân, qūrî*
Teich — *ḥóuż*
Teig — *chamîr*
Teil — *qesmát*
teilen — *taqsím kardän(kon)*
telegrafieren — *telgerâf kardän (kon)*
Telegramm — *telgerâf*
Telefon — *telefón*
telefonieren — *telefón kardän (kon)*
telefonisch — *bā telefón*
Teller — *boschqâb*
Teppich — (geknüpft:) *qālî;* (gewoben:) *gelîm*
teuer (im Preis) — *gerân*
Teuerung — *gerānî, qaḥṭ*
Teufel — *scheiṭân*
Theater — *tamāschā-chānắ*
Thron — *tacht*
tief — *góud, 'amîq*
Tiefe — *'omq*
Tier — *ḥeiwân*
Tierarzt — *dām-pezéschk, beiṭâr*
Tiger — *babr*
Tinte — *morakkáb*
Tintenfaß — *dawât*
Tisch — *mîz*
Tischdecke (für kleinen Tisch) — *rūmīzî*

Tischler — *naddschâr* (eigentlich *nadschdschâr* geschrieben); *dorūd-gár*
Tischtuch — *sofrắ*
Tochter — *dochtár*
Tod — *marg, fout*
Tomate — *goudschắ-je ferängî*
Ton — (= Lehm:) *gél;* (= Laut:) *ṣedâ*
Topf — *dîg*
Tor — *darwāzắ*
tot — *mordắ*
töten — *kóschtän (kosch)*
Trab — *jŏrtmắ*
tragen — *bórdän (bar)*
Träger — *ḥammâl*
Transit — *terānzît*
Transport — *bārkeschî*
Trauer — *zārî*
träumen — *châb dîdän (bîn)*
traurig — *del-tắng*
treiben — *rândän (rân)*
Treppe — *pällắ*
treten — *pâ zädän (zän)*
treu — *wafādâr*
trinken — *chŏrdän (chŏr), nūschîdän (nûsch)*
Trinkgeld — *en'âm*
Trinkwasser — *âb-e chŏrdänî*
Tritt (= Stoß) — *lägád*
Trittbrett — *rekâb*
trocken — *chóschk*
trocknen — *choschk kardän (kon)*
Tropfen — *qaṭrắ*
trösten — *tasallî dâdän (deh)*
trübe — *tīrắ*
Truhe — *ṣandûq*
Truppe — *qoschûn*
Truthahn — *būqalamûn*
tüchtig — *zerắng*
Tulpe — *lālắ*
tun — *kardän (kon)*
Tür — *dár*
Türkis — *fīrūzắ*
Turm — *bordsch* (=Bastion); *manâr*
Typhus — *ḥaṣbắ*

über — *rû-je; bālâ-je*
überfallen — *hodschûm kardän (kon)*
Übergabe — *taslîm*
Übergang — *'obûr, ma'bár*
übergeben — *sepórdän (sepâr)*
übermorgen — *pắsfardâ*
Überraschung — *ta'addschób* (in der arab. Schrift mit Doppel-„dsch“ geschrieben), *ḥeirát*

Überschwemmung — *ṭoghjân*
übersetzen — (Sprache:) *tardschomắ kardän (kon)*; (Fluß:) *ʿobûr kardän (kon)*
Übersetzung — *tardschomắ*
Übertreibung — *mobālaghắ*
Überweisung (Bank) — *bár-gardān, enteqâl-e bānkî*
Ufer — *kanārắ*
Uhr — *sāʿát*
Uhrmacher — *sāʿát-sâz*
umkehren — *bár-gaschtän (bár-gard)*
umtauschen — *ʿawáż kardän (kon)*
und — *wä*
Unfall — *ḥādeṡắ-je bắd*
unfruchtbar (Boden) — *lam-jazráʿ*
ungefähr — *taqrībắn*
ungerecht — *bīdâd*
unglücklich — *bäd-bácht*
ungünstig — *nāmonāséb*
Universität — *dānesch-gâh*
unreif — *nārắs, châm*
unschuldig — *bīgonâh*
unten — *dar pāʾîn*
unter — *zīr-e*
untergehen (Schiff) — *ghárq schodän (schou)*
unterhalten, sich — *ṣoḥbát kardän (kon)*
Unterhosen — *zīrdschāmắ*
Unteroffizier — *gorūh-bân*
Unterricht — *taʿlîm*
unterrichten — *dars dâdän (deh)*
Unterschied — *farq, tafāwót*
unterschreiben — *emżâ kardän (kon)*
unterwegs — *dar râh*
untreu — *bīwafâ*
Urkunde — *sanád*
Ursache — *sabáb, ʿellát*

Vase — *goldân*
Vater — *pädár*
Ventil — *sūpâp* (franz. *soupape*), *wentîl*
Ventilator — *bādbézän*
Veranda — *eiwân*
Verband (Wund-) — *zachm-bändī*
Verbandzeug — *lawāzém-e zachm-bändî*
verbergen — *penhân kardän (kon)*
verbessern — *eṣlâḥ kardän (kon), doróst kardän*
verbinden (zwei Dinge miteinander) — *wáṣl kardän (kon)*; (eine Wunde) — *zachm bastän (bänd)*

verbieten — *qadaghán kardän (kon), mán' kardän (kon)*
Verbot — *ghadaghán*
verboten — *qadaghán, mamnû'*
Verdauung — *háżm, gawārésch*
verfallen (Bauwerk) — *charâb*
Verfassung (staatl.) — *maschrūṭijất*
verfolgen — *ta'qîb kardän (kon)*
Vergaser — *kārboratŏr, sūcht-āmâ*
vergeblich — *bīhūdấ*
vergessen — *farāmûsch kardän (kon)*
vergiften — *masmûm kardän (kon)*
vergrößern — *bozórg kardän (kon)*
Vergrößerung — *'aks-e bozórg schodấ*
verhindern — *dschelou-gīrî kardän (kon)*
verirren, sich — *râh-rā gom kardän (kon)* (= den Weg verlieren)
Verkauf — *forûsch*
verkaufen — *forûchtän (forûsch)*

Verkehr — *āmấd ŏ ráft*
verlangen — *chåstän (chåh)*
verlassen — *tárk kardän (kon)*
verletzen — *madschrûh kardän (kon)*
verlieren — *góm kardän (kon)*
Verlust — *zijân, żarár*
vermehren — *afzûdän (afzâ)*
vermieten — *be-kerājấ dâdän (deh)*
vermindern — *kấm kardän (kon)*
vermuten — *gomân kardän (kon), farż kardän (kon)*
Verrat — *chijānất*
verraten — *chijānất kardän (kon)*
Verräter — *chā'én*
Verrechnungsscheck — *tschấk-e bastấ*
verreisen — *be-safár raftän (rou)*
verschwenderisch — *mosréf*
verrückt — *dīwānấ*
verschieden — *mochtaléf*
verschwinden — *ghéib schodän (schou)*
versehentlich — *ghaflatấn*
Verspätung — *ta'chîr*

versprechen — *wa'dā́ kardän (kon), qóul dādän (deh)* (= sein Wort geben)
Versprechen — *qoul*
verstecken — *penhân kardän (kon)*
verstehen — *fahmîdän (fahm), moltafét schodän (schou)*
Versuch (Experiment) — *tadschrobā́*
versuchen — *tadschrobā́ kardän (kon)*
Verteidigung — *modāfa'ā́*
Vertrag — *qarār-dâd*
vertreiben — *bīrûn kardän (kon)*
Vertreter — *nämājändā́*
Verwandte — *qóum-ŏ-chîsch*
Verwendung — *este'mâl*
verwenden — *be-kâr bordän (bar)*
verwundet — *madschrûḥ*
Verwundung — *zachm*
Verzeichnis — *fehrést*
Verzögerung — *ta'chîr*
Verzweiflung — *nā-omīdî*
viel — *zijâd*
vielleicht — *schâjäd*
violett — *benäfschä'î*

Vogel — *morgh, ṭeir, parandā́*
voll — *pór*
Vollmond — *māh-e tamâm*
vollständig — *kāmél, tamâm*
von — *äz*
vor (räumlich) — *pîsch-e;* (zeitlich) — *pîsch äz*
Vorarbeiter — *sár-'amalā́*
vorbereiten — *ḥāżér kardän (kon)*
Vorbereitung — *tahijā́*
Vorderrad — *tscharch-e dschelóu*
vorhanden — *peidâ, ḥāżér*
Vorhang — *pardā́*
vormittags — *pîsch äz ẓohr*
Vorschlag — *pīsch-nehâd*
Vorteil — *fā'edā́*
vorwärts — *dschelóu*

Waage — *tarāzû*
wach — *bīdâr*
Wache — *qarāwól*
Wade — *rân*
Waffe — *selâḥ*
Waffenstillstand — *mohlát-e dschäng*
Wagen — (Eisenbahn:) *wāgŏn;* (= Auto:) *māschîn; kāleskā́;* (= Droschke:) *doroschkä̀;* (zweirädrig:) *gārî*

Wahl — *entechâb*
wählen — *entechâb kardän (kon)*
wahr — *râst*
Wahrheit — *rāstî*
wahrscheinlich — *moḥtamél*
Wald — *dschangál* (= Urwald); *bīschā́* (= Gehölz)
Wallach — *āchtā́*
Walnuß — *gerdû*
Wand — *dīwâr*
wann? — *kéi? tsché-waqt?* (gesprochen: *tsché-wacht)*
Wanze — *sās*
Ware — *kālâ*
Warenprobe — *nämūnā́*
warm — *garm*
Wärmbecken — *korsî*
Wärme — *garmî*
warten — *ṣabr kardän, montaẓér būdän*
warum? — *tschérā?*
was (für ein)? — *tsché, tsché-tschîz?*
Waschbecken — *ṭascht*
waschen — *schóstän (schûj)*
Wäscher — *rachtschûr*
Wasser — *âb*
Wasserflasche — *tong, sabû*
Wasserpfeife — *qaljân*
Watte — *pämbā́* (geschrieben: *pänbā́)*

Weber — *bāfändā́*
Wechsel (Tratte) — *barât*
wechseln (Geld) — *chórd kardän (kon)*
wecken — *bīdâr kardän (kon)*
Weg — *râh*
wegen — *bedschehā́t-e*
wegnehmen — *bár-dāschtän (bár-dār)*
Wehrmacht — *nīrû*
Weib — *zän*
weich — *narm*
Weide (= Baum) — *bîd*
weil — *zīrâ-ke*
Weile — *moddát*
Wein — *scharâb*
weinen — *gerjā́ kardän (kon)*
weinen — *gerjā́ kardän (kon)*
Weintraube — *angûr*
Weinstock — *móu*
weise — *dāneschmā́nd*
weiß — *säfîd*
weit — *dûr* (= entfernt); *goschâd* (= geräumig)
Weizen — *gändóm*
welcher? — *kodâm?*
Welle — *moudsch*
Wellenlänge — *ṭûl-e móudsch*

Welt — *donjâ, dschehân, ʿālám*
wem? — *beké?*
wen? — *kérā?*
wenden, sich .. an — *rodschûʿ kardän (kon) be..*
wenig — *käm*
wenn — *agár*
wer? — *ke?*
werden — *schódän (schou)*
werfen — *andâchtän (andâz), part kardän (kon)*
Werkstatt — *kārchānā́*
Werkzeug — *abzâr, ālā́t*
Wespe — *zambûr* (geschrieben: *zanbûr)*
Westen — *maghréb*
wetten — *schárṭ bastän (bänd)*
Wetter — *hawâ*
wichtig — *mohémm*
widerlich — *makrûh*
Widerstand — *moqāwamā́*
wie? — *tsché-ṭour?*
wiegen — *wazn kardän (kon)*
Wiese — *tschämā́n*
wieviel? — *tschänd?*
wild — *waḥschî*
Wildbret — *gūscht-e schekārî*
Wind — *bâd*
Windschutzscheibe — *schīschā́-je dschelóu*
Winker (Auto) — *ʿalāmát-e*
Winter — *zämestân [ʿobûr*
Wirkung — *asár*
Wirtshaus — *tschâj-chānā́, mehmân-chānā́*
wissen — *dânestän (dân)*
Wissen — *dānésch*
Wissenschaft — *ʿelm*
wo? — *kodschâ?*
Woche — *haftā́*
wofür? — *berâje tsché?*
woher? — *äz kodschâ*
wohin? — *be-kodschâ?*
wohnen — *mänzél dāschtän (dâr)*
Wohnung — *mänzél*
Wolf — *górg*
Wolke — *abr*
Wolldecke — *patû*
Wolle — *päschm*
wollen — *châstän (châh)*
Wort — *kalemā́, wāžā́*
Wörterbuch — *loghát, ketāb-e loghát, farhā́ng*
Wunde — *zachm*
Wunsch — *ārzû, châhésch*
wünschen — *ārzû dāschtän (dâr), châheschmā́nd būdän*

Wurm — *kerm*
Wurzel — *bîch, rīschấ*
Wüste — *weirānấ, bijābân*

Zahl — *'edấd*
zahlen — *pûl dādän (deh)*
zählen — *schomórdän (schomâr)*
Zahlung — *pardâcht*
Zahn — *dändân*
Zahnarzt — *dändānsâz*
Zahnbürste — *meswâk*
Zahnstocher — *chalâl*
Zahnweh — *dard-e dändân*
Zange — *ambûr* (geschrieben: *anbûr); gāzānbór*
Zaun — *ḥeṣâr*
Zehe — *angóscht-e pâ*
Zeichen — *'alāmát, neschân*
Zeichnen — *ṭarrāḥî*
zeigen — *neschân dādän (deh)*
Zeit — *waqt* (gesprochen: *wacht)*, Mehrzahl: *ouqât*
Zeitabschnitt — *zämân*
Zeitung — *rūznāmấ*
Zelt — *tschādór*
Zement — *sīmân* (franz. *ciment)*
Zentrale — *markáz*
Zentralheizung — *bochārî-je markazî*

zerbrechen — *schekấstän (schekấn)*
zerreißen — *darîdän(dar)*
zerstören — *charâb kardän (kon)*
Zeugnis — *gawāhî-nāmấ*
Ziege — *bóz*
Ziegel (luftgetrocknet) — *chéscht*
ziehen — *keschîdän (kesch)*
Zigarette — *sīgâr*
Zimmer — *oṭâq*
Zimt — *dārtschîn*
Zink — *rūj*
Zinn — *erzîz*
Zins — *sûd, tanzîl*
Zirkel — *parkâr*
Zitrone — *līmû, līmûn*
zittern — *larzîdän (larz)*
Zoll — *gomrók*
Zollamt — *gomrok-chānấ*
Zollbeamter — *mostachdém-e gomrók*
zollfrei — *mo'âf äz gomrók*
zu (Gegenteil von offen) — *bastấ*
Zucker — (Würfel- oder Hutzucker:) *qand;* (gestoßen:) *schekár*
Zuckerrohr — *nei-schekár*
zudecken — *pūschîdän (pûsch)*

zufällig — *ettefāqān*
zufrieden — *rāżî*
Zug (Eisenbahn-) — *qeṭâr*
Zügel — *ʿenân*
Zukunft — *ājändá, ātijá*
Zündholz — *kebrît*
Zündkerze — *schamʿ-e gīrändá*
Zunge — *zäbân*
zurück — *ʿaqáb*
zurückgeben — *pás dādän (deh)*
zurückhalten — *bâz dāschtän (dâr)*
zurückkehren — *morādschaʿát kardän (kon)*; *bár-gaschtän (bár-gard)*
zurückweichen — *ʿaqáb raftän (rou)*
zusammen — *bā-hám*
zuschauen — *tamāschâ kardän (kon)*
zuviel — *zijâd*
Zweck — *maqṣûd*
Zweifel — *schákk*
Zweig — *schâch*
Zwiebel — *pijâz*
zwingen — *madschbûr kardän (kon)*, *wā-dâr kardän (kon)*
Zylinder — *sīländr* (franz. *cylindre*)
Zypresse — *sarw*

Benutztes Schrifttum

Raschīd Amānat, *Chŏd-āmūz-e dschadīd-e engelīsī be-fārsī* — The new English into Persian Self-Teacher and Composition. — Tehrān 1316/1937—38.

Sebastian Beck, *Neupersische Konversations-Grammatik mit besonderer Berücksichtigung der modernen Schriftsprache.* (Methode Gaspey-Otto-Sauer). — Heidelberg 1914.

Mohammad Bāqer Dawallu Neẓāmī, *Rāh-nämā-je zäbān-e fārsī, engelīsī, ālmānī berāje mosāfarat wä chānä wä dānesch-āmūzān.* — Sprachführer Deutsch, Englisch und Iranisch für Reise, Haus und Schüler. — Schiras 1938.

S. Haīm, *New Persian—English Dictionary*, 2 Bände. — Teheran 1934—1936.

C. L. Hawker, *Simple Colloquial Persian.* — London-New York-Toronto 1937.

Friedrich Rosen, *Shumā Fārsī härf mīzänīd?* (Sprechen Sie Persisch ?) — Neupersischer Sprachführer für die Reise und zum Selbstunterricht. 3. Auflage. — Berlin 1925.

Wāžä-hā-je nou ke tā pājān-e 1318 (1939) *dar Farhängestān-e Irān paẕīroftä schodä äst.* — „Die neuen Wörter, die bis Ende 1939 in der Akademie von Iran genehmigt worden sind." — Schrift des Sekretariats der Akademie, Nr. 6. — Teheran 1940.

FSC
www.fsc.org
MIX
Papier | Fördert
gute Waldnutzung
FSC® C083411

Kolibri 360 GmbH
Ferdinand-Jühlke-Straße 7
99095 Erfurt, Deutschland
produktsicherheit@kolibri360.de